FANAL

DE

L'APPROVISIONNEMENT DE PARIS

EN COMBUSTIBLES

ET EN BOIS DE CONSTRUCTION.

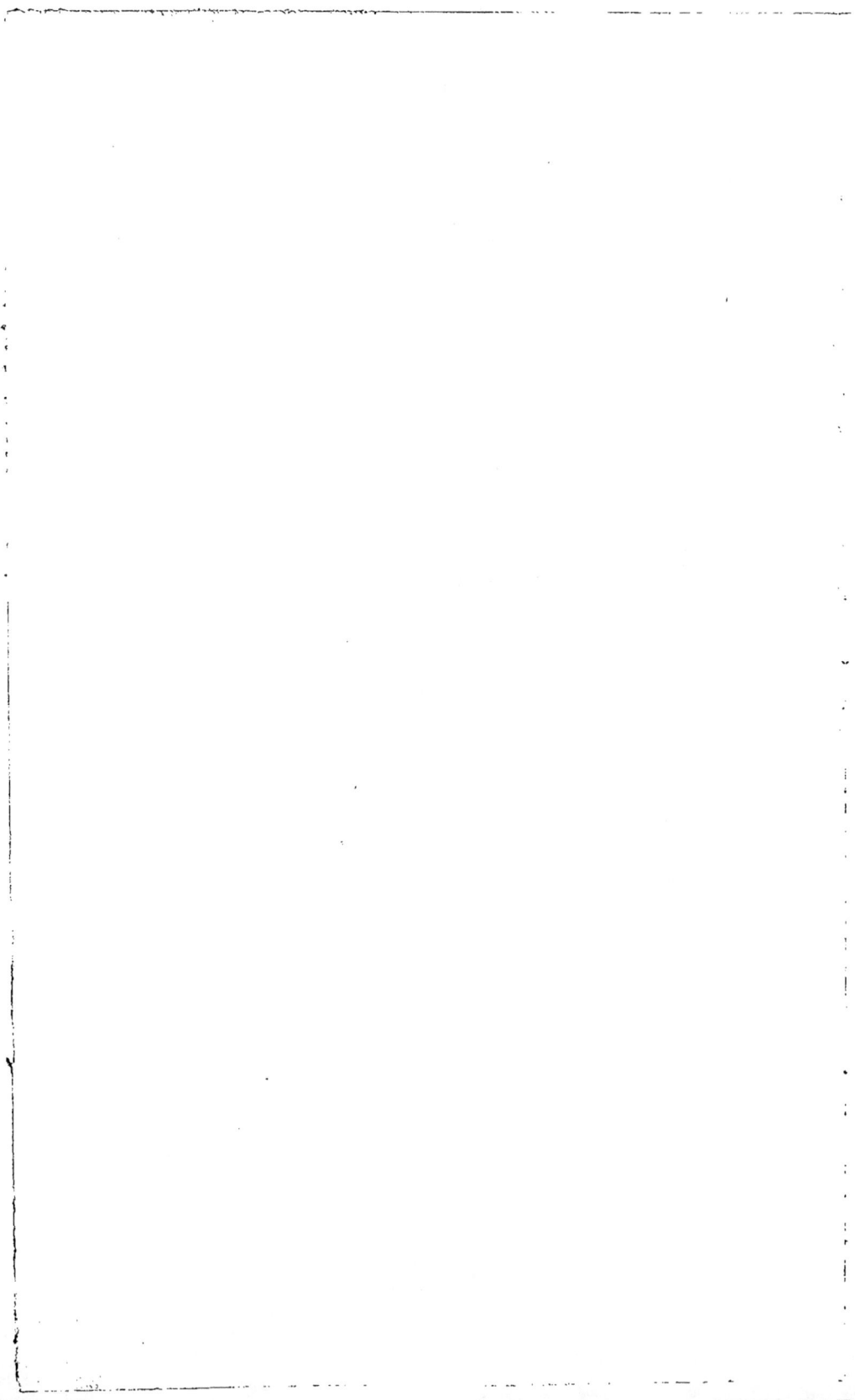

FANAL

DE

L'APPROVISIONNEMENT DE PARIS

EN COMBUSTIBLES

ET

EN BOIS DE CONSTRUCTION,

PUBLIÉ

SOUS LES AUSPICES DE M. LE CONSEILLER D'ÉTAT, DIRECTEUR GÉNÉRAL DES PONTS ET
CHAUSSÉES ET DES MINES, MEMBRE DE LA CHAMBRE DES DÉPUTÉS, ETC. ;

PAR

C.-Pierre **ROUSSEAU.**

1839,

Première année de la Publication.

PREMIÈRE DIVISION.

PARIS,

A. ALLIER, Libraire, rue des Deux-Ponts, 26, île Saint-Louis.

1839.

A

MONSIEUR LE CONSEILLER D'ÉTAT

Legrand,

**Commandeur de l'Ordre royal de la Légion-d'Honneur,
Directeur général des Ponts et Chaussées
et des Mines,
Membre de la Chambre des Députés, etc.**

MONSIEUR LE DIRECTEUR GÉNÉRAL,

En m'autorisant à publier cet ouvrage sous vos auspices, vous m'avez imposé une tâche que je croirai avoir remplie, si l'Administration et le Commerce auxquels je le destine y trouvent les renseignements dont ils ont journellement besoin.

L'ouvrage, je l'espère, sera également utile aux Agens de la Navigation et du Commerce, et généralement aux employés spécialement attachés aux diverses compagnies organisées sous la protection du Gouvernement.

Je vous prie d'observer, Monsieur le Directeur général, que c'est seulement la première division du *Fanal* que je publie aujourd'hui : elle comprend le personnel Administratif et Commercial avec toutes les indications qui m'ont paru devoir s'y grouper, relativement à l'Approvisionnement de Paris en Combustibles et en Bois de construction.

La seconde division formera le complément de l'ouvrage et sera mise sous presse aussitôt que j'aurai réuni tous les documents qui sont indispensables pour assurer l'exactitude de mes engagements ; elle offrira dans le meilleur ordre possible , et sous chaque titre spécial , le texte de toutes les dispositions réglementaires concernant la Navigation et l'Approvisionnement ; puis elle fera connaître le régime intérieur si plein d'intérêt des Compagnies, notamment des flottages à bois perdus et en trains; enfin elle présentera l'organisation de l'Assemblée générale des délégués des quatre commerces réunis.

Cette dernière publication aura une grande importance, mais elle ne sera pas nouvelle : déjà M. Dupin (1) a imprimé en 1817 le Code du commerce de Bois et de Charbons. Avant l'émission de ce Code, on se livrait à des recherches, souvent infructueuses, pour avoir des documens sur l'ancienne juridiction de la ville de Paris ; une partie de cette législation était éparse ou tombée dans l'oubli. Ce fut une idée heureuse que celle de rassembler tous ces documens, dans un recueil d'autant plus précieux qu'il est réellement indispensable, d'abord aux négociants qui veulent se le rendre familier, puis aux administrateurs chargés de la révision de nos anciennes lois encore en vigueur; et enfin aux jurisconsultes appelés à défendre des intérêts privés ou généraux dans des questions administratives ou commerciales.

Cette publication a donné naissance à quelques ouvrages sur l'Approvisionnement de Paris ; mais aucun, à mon sens, n'a complétement rempli le but qu'on s'était proposé.

C'est un ouvrage purement usuel et commercial qui manquait et dont le besoin se faisait généralement sentir. J'ai cherché à combler cette lacune en écartant de mon travail toutes les dispositions réglementaires qui n'avaient pas le mérite de l'actualité. Je me suis donc attaché, dans cette vue, à reproduire, sous des titres particuliers, tous les actes de l'ancienne législation qui peuvent être utilement consultés, ainsi que les arrêts de la Cour de Cassation, les ordonnances du Roi, les avis du Conseil-d'État, les décisions ministérielles et tous les autres réglements d'administration publique qui s'y rapportent. Une table alphabétique, chronologique et analytique des matières en facilitera les recherches.

Mais, il faut bien le dire, cette législation est insuffisante, si l'on considère qu'elle est en partie composée des actes de l'ancienne juridiction de la ville de Paris. En effet, depuis 1672, année où fut proclamée la grande ordonnance

(1) M. Dupin aîné fut longtemps le conseil des Compagnies de commerce de Bois et de Charbons ; c'est M. Philippe Dupin, son frère, qui le remplace en cette qualité.

de Louis XIV, dite par *excellence*, l'Approvisionnement de Paris en Combustibles et en Bois de construction, n'a pu se faire qu'à l'aide de cette ordonnance où se trouvent refondus tous les réglements antérieurs et à laquelle toutes les ordonnances subséquentes se rattachent par rapport à la navigation et au Commerce : cependant, cette même ordonnance contient des dispositions aujourd'hui inexécutables ou susceptibles de modifications, par suite des changements notables introduits dans nos institutions et des intérêts progressifs de la consommation de Paris.

Ces modifications d'ailleurs, si elles avaient lieu, auraient nécessairement pour résultat la refonte générale des documents relatifs aux Agens de la Navigation et du Commerce, lesquels Agens, en partie, se trouvent encore aujourd'hui soumis à une législation incohérente qui remonte à plusieurs siècles et qui, par conséquent, n'est plus en harmonie avec les nécessités de notre époque.

Et d'abord, n'est-il pas suffisamment démontré par le temps et l'expérience qu'il y a nécessité absolue de reconstituer, sur des bases nouvelles, « les *Gar-* » *des-port* essentiellement liés à l'action de l'Administration qui les rend res- » ponsables de la bonne réception des bois à leur arrivage, de leur conser- » vation et des lenteurs qu'ils pourraient mettre dans l'empilage, comme » dans les mesures prescrites pour un prompt flottage ou chargement ? (1) »

L'ordre sur les ports d'approvisionnement devant être constamment maintenu dans l'intérêt général, « il importe à la sûreté publique que les *Gardes-* » *port* ne puissent être distraits ni suspendus de leurs fonctions sans le concours » immédiat et préalable de l'autorité administrative, dont les dispositions, tou- » jours exactement combinées et très fréquemment commandées par des » circonstances de force majeure, ne pourraient être contrariées sans danger » pour l'approvisionnement de la Capitale du Royaume (2). »

Des instructions conformes à l'objet de leur institution manquent aussi aux *Jurés-Compteurs* : on regrette qu'elles ne soient pas suffisamment explicites dans la décision ministérielle du 22 pluviose an X (11 février 1802). Si donc les fonctions des *Jurés-Compteurs* ont pour base la plus exacte impartialité dans les débats naissant des intérêts, entre le Commerce de Paris et le Commerce de province, il est permis d'espérer que l'autorité administrative reconnaîtra encore, par des motifs d'intérêt public, la nécessité de compléter ces instructions.

(1) MERLIN. — *Répertoire universel de Jurisprudence.*
(2) *Idem.*

Telles sont les améliorations que j'ai rapidement indiquées et dont l'opportunité peut être démontrée par l'état actuel des besoins du commerce. J'aurais pu les étendre bien davantage, mais j'ai la confiance que l'Administration que vous dirigez, Monsieur le Directeur général, voudra bien répondre aux vœux des Commerçants, car votre sollicitude est bien connue pour tout ce qui intéresse et favorise l'approvisionnement de Paris.

J'ai l'honneur d'être, avec les sentiments du plus profond respect et de la plus vive reconnaissance,

Monsieur le Directeur général,

Votre très humble et très obéissant serviteur,

C.-Pierre ROUSSEAU.

1er mai 1839,

PERSONNEL ADMINISTRATIF ET COMMERCIAL.

PREMIÈRE PARTIE.

PERSONNEL ADMINISTRATIF.

Direction générale

DES PONTS ET CHAUSSÉES ET DES MINES.

M. LEGRAND (C ✳), *Conseiller d'état*, membre de la Chambre des députés, directeur général de l'administration des ponts et chaussées et des mines, rue des Saints-Pères, n° 24.

Nota. Le conseiller d'état, directeur général de l'administration des ponts et chaussées et des mines, donne des audiences particulières lorsqu'on lui en adresse la demande par écrit, en indiquant l'objet dont on désire l'entretenir.

BUREAUX DE LA DIRECTION GÉNÉRALE.

Nota. Les bureaux ne sont ouverts au public que les mardi et vendredi , de deux heures à quatre heures.

SECRÉTARIAT GÉNÉRAL ET PERSONNEL.

M. ROBIN ✳ , chef.

Secrétariat général.

Ouverture et enregistrement des dépêches , leur analyse , leur distribution dans les divisions ; dépôt des lois et des ordonnances du roi ; archives , dépenses intérieures de l'administration ; mesures générales.

M. GOUJON, sous-chef.

MM. ROBERT , garde des archives.	MM. CAULET, expéditionnaire.
RIGO , rédacteur.	GÉRALDY, *idem.*
CHEZE DE CAHAGNE , rédacteur.	

Personnel.

Nomination, destination et mouvement des ingénieurs des ponts et chaussées et des mines, des conducteurs, gardes-canaux, éclusiers, etc., des officiers et maîtres de port, des agens du service extérieur de l'approvisionnement de Paris en combustibles. Personnel des employés de l'administration. Réglement des frais de voyages et de tournées ; indemnités, pensions de retraite, secours, etc. Ecole des ponts et chaussées et des mines ; école des mineurs de St-Étienne. Déserteurs condamnés aux travaux publics, etc.

M. Alexandre DUVAL, sous-chef.

MM. Bizé, rédacteur, commis d'ordre.
Panet, rédacteur.
Gout, *idem.*

MM. Duval (Georges), expéditionnaire.
Verrier, *idem.*
Jaumon, *idem.*

MATÉRIEL DES PONTS ET CHAUSSÉES.

Section des Routes et Ponts.

Matériel et contentieux des Routes et Ponts. — Exécution des lois et réglemens sur la grande voirie. — Classement des routes départementales, etc.

M. NOEL, chef,

Chargé spécialement du bureau septentrional.

Bureau septentrional.

Comprenant les 1re, 2e, 3e, 4e, 10e et 11e inspections divisionnaires.

M. MITANTIER, sous-chef

MM. Laleu, rédacteur, commis d'ordre.
Thirion, rédacteur.
Potey, *idem.*

MM. Gauthier, expéditionnaire.
Garousse, *idem.*

Bureau méridional.

Comprenant les 5e, 6e, 7e, 8e, 9e et 12e inspections divisionnaires.

MM. BOULAGE ✻, chef de bureau.
BIGANNE, sous-chef.

MM. Heudelet, rédacteur.
Azémar, rédacteur, commis d'ordre.

MM. Duplessix, rédacteur expéditionnaire.
Lagarrigue, expéditionnaire.

Chemins de fer et police du roulage.

MM. de BOUREUILLE, chef.
THOMAS (Ch. H.), sous-chef.

MM. Sehet, commis d'ordre.
Dessigny, expéditionnaire.

M. Bouchareinc, expéditionnaire.

Section de navigation.

M. Ernest DE FRANQUEVILLE, chef,

Chargé spécialement du 1er bureau.

Premier bureau.

Desséchement de marais, ports maritimes de commerce, phares et fanaux, digues et travaux à la mer, travaux des dunes, canaux d'irrigation, commissions syndicales.

M. THOMAS (Auguste), sous-chef.

MM. Laurent fils, commis d'ordre, expéditionnaire.
Monsel, expéditionnaire.

M. Caulet fils, expéditionnaire.

Deuxième bureau.

Fleuves et rivières, canaux de navigation.

M. RAVINET ✿, chef.

MM. Perrin, rédacteur.
    Girault, *idem.*
    Bénard, rédacteur, expéditionnaire.

MM. Pilorge, commis d'ordre.
    Baudoux, expéditionnaire.

Troisième bureau.

Moulins et usines, bacs et bateaux de passage; matériel du service extérieur de l'approvisionnement de Paris.

MM. MARCHAL ✿, chef.
CHAHUET, sous-chef.

MM. Planterre père, rédacteur.
    Planterre fils, comm. d'ord. expédition.

M. Girard, expéditionnaire.

Mines.

Mines, minières, carrières, hauts-fourneaux, forges et autres usines, redevances, etc.

MM. de CHEPPE ✿, chef de division.
SALOMON, chef de bureau.
JABINEAU, sous-chef.

MM. de Chevannes, rédacteur.
    Teinturier, *idem.*
    Laurent, père, commis d'ordre.

MM. Denne-Baron, expéditionnaire.
    Reynaud, *idem.*

Commission de statistique de l'industrie minérale.

M. Guérin, expéditionnaire, dessinateur.

Comptabilité.

Distribution mensuelle des fonds affectés aux travaux; examen et liquidation des comptes et états de situation; tenue des livres et correspondance y relative ; comptabilité du personnel, des retraites et pensions, caisse de l'administration , etc.

MM. GAUTIER-DAGOTY, chef.
MARIN, chef de bureau.
OUDAN, sous-chef.

MM. Moynier ✿, rédacteur-liquidateur.
    Paquier, rédacteur, teneur de livres.
    Feine, rédacteur, caissier.
    Fournier, rédacteur-liquidateur.
    Gilbert, teneur de livres.
    Locoge, expéditionnaire, ten. de livres.

MM. Truchot, expéditionnaire, teneur de liv.
    Lebreton, expéditionnaire.
    Simonnet, *idem.*
    Dufrenne, *idem.*
    Roux, *idem.*

Dépôt des cartes et plans.

MM. WALLOT (Simon) ✿, ingénieur en chef, directeur.
COURTOIS ✿, ingénieur en chef, adjoint au directeur.

MM. Grangez, dessinateur, commis d'ordre.
    Leymonnerye, dessinateur,
    Wesolowski, *idem.*

MM. Gratia, dessinateur.
    Sauphar, expéditionnaire.

4

Secrétariats des conseils.

Secrétariat du Conseil général des ponts et chaussées.

MM. Piffre, commis d'ordre.
Fournial, expéditionnaire.
de Bruslart, *idem.*

MM. Lambert, expéditionnaire.
Minard, *idem.*
Bourdon, *idem.*

Secrétariat du Conseil général des Mines.

M. Michel, expéditionnaire.

Conseils judiciaires de l'Administration.

MM. Delalleau ✳, avocat à la Cour royale, rue de Condé, n° 1.
Lelong, avoué près le tribunal de première instance, rue de Cléry, n° 28.

Inspecteurs principaux et particuliers

DE LA NAVIGATION INTÉRIEURE

ET DE

L'APPROVISIONNEMENT DE PARIS,

en combustibles et bois de construction.

Le bassin de l'approvisionnement de Paris est divisé en deux parties et a deux *inspecteurs principaux*.

La première partie du bassin comprend l'Aube et ses affluens, la Seine au-dessus de Paris, la Loire et ses affluens, l'Yonne et ses affluens, la Cure et ses affluens, les canaux du Nivernais, de Bourgogne, de Briare, d'Orléans et de Loing.

DIVISION DE M. TIPHAINE ✳.

NOMS ET PRÉNOMS.	DATES de la NOMINATION.	EMPLOIS.	RÉSIDENCES.	ARRONDISSEMENS.
MM.				
TIPHAINE ✳, (Paul–Vincent).	30 juin 1808	Inspect. principal.	Paris, rue du Vieux-Colombier, 25.	L'Aube et ses affluens, la Seine au-dessus de Paris, la Loire et ses affluens, l'Yonne et ses affluens, la Cure et ses affluens, les canaux de Bourgogne, du Nivernais, d'Orléans, de Loing et de Briare.
BABEAU (Arsène).	4 avril 1807	Inspect. particulier.	Troyes (Aube).	L'Aube et ses affluens, la Haute-Seine jusqu'à la limite du département de l'Aube au ruisseau du Lorvain près du village d'Athis.
MONDOT DE NEU-VILLE (André).	9 avril 1824	Idem.	Montereau – Fault-Yonne (Seine–et-Marne).	La Seine depuis le ruisseau du Lorvain jusqu'à Choisy-le-Roi inclus., et le canal de Loing depuis son embouchure dans la Seine à Saint-Mamès jusqu'à la limite du département de Seine-et-Marne au village de Neronville inclus.
MERCERET (Si-mon).	25 février 1822	Idem.	Clamecy (Nièvre).	Yonne et ses affluens, de sa source à Auxerre exclus., la Cure et ses affluens.
APOIX (Cherbule-Ephége).	9 juillet 1834	Sous–Inspect. particulier.	Vermanton (Yonne).	La Cure et ses affluens.

NOMS ET PRÉNOMS.	DATES de la NOMINATION.	EMPLOIS.	RÉSIDENCES.	ARRONDISSEMENS
MM.				
PIOCHARD (Hipp.-François).	9 avril 1803	Inspect. parti.	Joigny (Yonne).	L'Yonne et ses affluens depuis Auxerre inclusivement jusqu'à son embouchure dans la Seine à Montereau, le canal de Bourgogne et l'Armençon.
MALIVOIRE ✳ (Ch.-Phil.)	1er mars 1831	Idem.	Decise (Nièvre).	La Loire de Digoin à Briare, canal latéral de Digoin à Châtillon-sur-Loire, le canal du Nivernais, de Decise au point de partage.
THACUSSIOS ✳ (Pierre-Honoré).	3 février 1825	Idem.	Lorris (Loiret).	Rive droite de la Loire, depuis les limites du département du Loiret jusqu'à l'entrée du canal de Briare, canal de Briare, canal d'Orléans et canal de Loing.
BEAUVALET (Joseph-Victor).	25 sept. 1830	Idem.	Moulins (Allier).	L'Allier et ses affluens.

La seconde partie du bassin de l'approvisionnement comprend la Seine au-dessous de Paris, la Marne, l'Oise, l'Aisne, l'Escaut et les canaux de Saint-Quentin et de Crozat.

DIVISION DE M. LEIRIS ✳.

NOMS ET PRÉNOMS.	DATES de la NOMINATION.	EMPLOIS.	RÉSIDENCES.	ARRONDISSEMENS
LEIRIS ✳ (Hilarion).	22 sept. 1830	Inspect. principal.	Paris, rue du Roi-de-Sicile, 28.	La Seine au-dessous de Paris, la Marne, l'Oise, l'Aisne, l'Escaut et les canaux de St-Quentin et de Crozat.
POLLARD (Auguste-Hippolyte).	9 décem. 1830	Inspect. particulier.	Châlons-sur-Marne (Marne).	La Haute-Marne et ses affluens jusqu'au mont Saint-Père inclusivement.
TRUET (Jules-François-Emmanuel).	17 nov. 1830	Idem.	Château-Thierry. (Marne).	La Marne, de Château-Thierry à Charenton, l'Ourcq et le Grand-Morin.
DESAINS (Charles).	24 juillet 1826	Idem.	St-Germain-en-Laye (Seine-et-Oise).	La Basse-Seine, d'Epinay jusqu'à Vernon exclusivement.
MONIER (Charles).	9 décem. 1830	Idem.	Rouen (Seine-Inférieure).	La Basse-Seine, de Rouen à Vernon inclusivement.
MAZIÈRE (Jean).	20 juillet 1832	Idem.	Noyon (Oise).	Canal Crozat et la Haute-Oise jusqu'à Janville.
DELISLE (Auguste-Louis).	9 décem. 1830	Idem.	Compiègne (Oise).	L'Aisne et l'Oise, de Janville à son embouchure dans la Seine.
BABEAU (Henri).	10 janvier 1828	Idem.	Cambrai (Nord).	L'Escaut, de Valenciennes à Cambrai, et le canal de St-Quentin.

Jurés-Compteurs.

NOMS ET PRÉNOMS.	ANNÉE de la naissance.	DATES des NOMINATIONS.	RÉSIDENCES.	DIVISION de MM.	INSPEC-TION de	CIRCONSCRIPTION de l'arrondissement de chacun d'eux.
MM.						
LENOIR (Antoine-Albert).	1778	22 juin 1802	Nogent – sur – Seine (Aube).	*Tiphaine.*	*Troyes et Monte-reau.*	Aube et Seine, de Brienne à Montereau.
BERTAUX (Jacques-François).	1781	3 juillet 1823	Fontainebleau (Seine-et-Marne).	*idem.*	*Monte-reau.*	Seine, de Montereau inclus. à Choisy-le-Roi, canal de Loing, de Nemours inclus. à St-Mamès.
BERTHEAUME (Alphonse-Nazaire).	1803	17 avril 1831	Lorris (Loiret).	*idem.*	*Lorris.*	La Loire, de Châtillon à Amboise, canal d'Orléans.
PETIT (Alexandre-Auguste).	1786	28 juin 1818	Châtillon – sur- Loing (Loiret).	*idem.*	*Lorris. et Monte-reau.*	Canal de Briare, de Montargis à Nemours exclus.
BRUNIN (Marin).	1771	18 juillet 1822	Moulins (Allier).	*idem.*	*Moulins.*	Allier et ses affluens, Sioule et Rieudre.
LEBEL (Louis-Marie).	1796	18 janvier 1834	Clamecy (Nièvre).	*idem.*	*Clamecy.*	Yonne. — D'Armes à Lucy, inclusivement.
LEMAIRE (Denis-Désiré-Ladislas).	1801	19 février 1836	Coulanges-sur-Yonne (Yonne).	*idem.*	*idem.*	Yonne. — D'Armes inclus. à Cravant (bois neufs, bois de charpente et autres marchandises, *les bois de flot exceptés,* qui se déposent sur les ports de la Haute-Yonne depuis Armes jusqu'à Cravant).
BONNEAU (Louis-Pierre-Stanislas).	1800	6 janvier 1834	Vermanton (Yonne).	*idem.*	*idem.*	Cure et Yonne. — D'Arcys-sur-Cure à la jonction de l'Armançon.

NOMS ET PRÉNOMS.	ANNÉE de la naissance.	DATES des NOMINATIONS.	RÉSIDENCES.	DIVISION de MM.	INSPEC-TION de	CIRCONSCRIPTION de l'arrondissement de chacun d'eux.
MM.						
BILLAUDOT (Félix).	1808	22 juin 1838	Brienon (Yonne).	*Tiphaine.*	*Joigny.*	Ports du canal de Bourgogne, depuis et compris La Roche, en amont, jusqu'à Saint-Jean-de-Losne.
RAGON (Gilles-Augustin).	1782	18 janvier 1834	Sens (Yonne).	*idem.*	*idem.*	Ports de l'Yonne, depuis Montereau exclusivement jusqu'au dessus du pont de Joigny.
LANGELEZ (Edme-Victor).	1784	10 mai 1833	La Croix-Saint-Ouen (Oise), par Compiègne.	*Leiris.*	*Compiègne.*	Oise en aval de Compiègne et ports de la Basse-Seine.
LAMBERT DE BALLYHIER (Charles-Gustave).	1799	7 avril 1835	Compiègne (Oise).	*idem.*	*Noyon et Compiègne.*	Oise en amont de Compiègne. — Aisne, canaux de Crozat et de La Fère.
CHIQUAN (Elie-Léon).	1789	25 juin 1838	Dormans (Marne).	*idem.*	*Châlons.*	Marne supérieure, jusques y et compris les mont St-Père.
LAURENT (Jean-François).	1789	25 juin 1838	La Ferté-sous-Jouarre (Seine-et-Marne).	*idem.*	*Château-Thierry.*	Marne. — Du mont St-Père exclus. à Charenton, Grand-Morin.
GODART (Louis-Omer).	1803	18 mars 1834	La Ferté-Milon (Aisne).	*idem.*	*idem.*	Ports de l'Ourcq.

Seine.

La source de la Seine est au centre d'un bois, près de la ferme d'Evergereaux, à 1/2 lieue de St-Germain-la-Feuille, village situé à 2 l. 1/4 de St-Seine et 3/4 l. de Chanceaux.

La Seine est flottable dans les départemens de la Côte-d'Or, de l'Aube et de la Marne; navigable dans ceux de la Marne, de l'Aube, de Seine-et-Marne, de Seine-et-Oise, de la Seine, de l'Eure et de la Seine-Inférieure.

Des tentatives ont été faites, à diverses époques, pour prolonger jusqu'à Troyes la navigation de la Seine. En 1676, on construisit une écluse et l'on ouvrit une dérivation à Nogent-sur-Seine, et l'on entreprit divers ouvrages entre Troyes et Marcilly. De tous ces travaux il ne subsiste plus que l'écluse et la dérivation de Nogent, qui sont l'une et l'autre dans le plus fâcheux état de dégradation. En 1805, on essaya de rendre la Seine navigable non seulement jusqu'à Troyes, mais jusqu'à Châtillon; on ouvrit à cet effet sept canaux de dérivation, et l'on établit plusieurs pertuis et écluses à sas; mais les événemens de la guerre forcèrent à ralentir l'exécution des ouvrages, puis à les suspendre complétement, après avoir dépensé 2,200,000 fr.

Pour ne pas laisser plus longtemps les sommes dépensées totalement improductives, la loi du 19 juillet 1837 a ouvert un crédit pour l'amélioration de la navigation de la Seine, dont une partie doit être appliquée à la reconstruction de l'écluse de Nogent. Les travaux de cette reconstruction ont été adjugés pour la somme de 144,513 fr. 35 cent.

Entre Marcilly et Montereau, on se propose en outre de faire la coupure de Bray, d'améliorer le chemin de halage à l'anse de Vieux-Mort et au Port-Mortain.

GARDES-PORT. — Seine.

NOMS ET PRÉNOMS.	ANNÉE de la naissance.	DATES de la NOMINATION.	RÉSIDENCES.	INSPECTION de	NOM du juré-compteur.	PORTS confiés à leur surveillance, ou circonscription de l'arrondissement de chacun d'eux.
MM.						
PHLIPON (Nicolas-Dominique).	1805	21 avril 1838	Mery-sur-Seine (Aube).	*Troyes.*	*Lenoir.*	Mery, Romilly.
PAYEN (Vital).	1779	8 sept. 1807	Conflans-sur-Seine (Marne), par Pont-le-Roi (Aube).	*idem.*	*idem.*	De Marcilly à Conflans.
LENOIR (Edme-Hyacinthe).	1808	27 avril 1835	Marnay-sur-Seine (Aube), par Pont-le-Roi.	*idem.*	*idem.*	Pont, Marnay, LaVente.
TRUDON (Jean-Baptiste-Noël).	1787	18 mars 1828	Nogent-sur-Seine (Aube).	*idem*	*idem.*	Nogent.

NOMS ET PRÉNOMS.	ANNÉE de la naissance.	DATES de la NOMINATION.	RÉSIDENCES.	INSPEC- TION de	NOM du juré-compteur.	PORTS confiés à leur surveillance, ou circonscription de l'arrondissement de chacun d'eux
MM.						
PETIT (Jean–Pierre)	1789	....	Beaulieu (Aube), par Nogent-sur-Seine.	*Troyes.*	*Lenoir.*	Beaulieu, Lamotilly, Courcerey, Port-Mon- tain.
BESSE (Robert).	1810	13 juin 1836	Bray–sur-Seine (Sei- ne–et-Marne).	*idem.*	*idem.*	Bray, Mouy.
LEGUAY (Nicolas).	1785	28 avril 1828	Montereau – Fault– Yonne (Seine-et- Marne).	*Monte- reau.*	*Lenoir et Bertaux.*	Courbeton, Varennes, Montereau, Port-Pen- du.
COULEUVRIER (Jacques).	1779	1er févr. 1828	Nanchon (Seine-et- Marne), par Moret.	*idem.*	*Bertaux.*	Nanchon.
BRIERE fils (Paul- Parfait).	1813	20 nov. 1838	Champagne (Seine- et-Marne), par Mo- ret).	*idem.*	*idem.*	Veneux, Nadon, Cham- pagne, Thomery.
BLONDÈ (Louis).	1781	8 août 1818	Valvins (Seine - et- Marne), par Fontai- nebleau.	*idem.*	*idem.*	Samoreau, Valvins.
MATHIAS (Jean- François-Germain).	1786	22 sept. 1828	Barbeaux, par le Châ- telet (Seine - et - Marne).	*idem.*	*idem.*	Barbeaux , Petit - Bar- beaux, Fontaine -le- Port.
EPOIGNY (Jules-Ed- me).	1779	24 juillet 1824	La Cave, par Melun (Seine-et-Marne).	*idem.*	*idem.*	Lacave , Fosse – aux- Suisses, Chartrettes.
GODART (Maximi- lien-Emile).	1799	13 décem.1830	Fourneaux , près Me- lun (Seine – et - Marne).	*idem.*	*idem.*	Larochette, Vaux, Me- lun, les Fourneaux et Belombre.
CADOU (Jean-Louis)	1796	19 février 1836	Seine-Port , par Me- lun (Seine-et-M).	*idem.*	*idem.*	Vaufve, Ponthierry,Ste- Assise, Morsan,Seine- Port.
BLONDÈ fils (An- toine).	1814	22 juin 1838	Soisy- sous – Étiolles, par Corbeil (Seine- et-Marne).	*idem.*	*idem.*	De Corbeil en aval jus- qu'à Villeneuve-St- Georges, inclus.
BERTHIER (Etien- ne–Félix).	1815	8 juin 1837	Choisy-le-Roi(Seine).	*idem.*	*idem.*	Choisy-le-Roy.
ROUX (Gustave).	1804	20 avril 1838	Le Pecq (Seine-et- Oise), par St-Ger- main-en-Laye.	*St-Germ.- en-Laye.*	*Langelez.*	Poissy, Conflans-Ste-Ho- norine, Herblay, Mai- sons-Laffitte, Lepecq, Marly et Sèvres.

Aube , *affluent de la Seine.*

Les sources de l'Aube se composent de quatre ruisseaux formant la fourche à quatre dents, situés près de Praslay, département de la Haute-Marne (*).

Ces ruisseaux se réunissent à 3/4 l. au-dessus d'Auberive, situé sur la rive droite de l'Aube.

Aux sources de l'Aube se trouvent la forêt de Chamberceau, les bois de Musseau, de Vivey, de Marmont, de Montavoir, etc.

La rivière d'Aube commence à être navigable en trains au port de Brienne-la-Vieille; en amont elle est flottable à bûches perdues.

L'origine du port flottable en trains se trouve à 200 mètres au-dessus du port en descendant jusqu'au moulin; il comprend les parties basses au-dessus des moulins et déversoir.

Le flottage à bûches perdues est suspendu, mais s'il était rétabli comme autrefois, les flots seraient retenus par un arrêt au-dessus du port flottable de Brienne, à la hauteur du lieu dit *les Brebis*, pâture appartenant à la commune de Brienne; et dans aucun cas, le flottage ne pourra être jeté à l'eau plus bas que le lieu dit *les Brebis*.

Les bois de marine, de charpente et de sciage sont flottés en brelles composées de quatre coupons dont la longueur ensemble n'excède pas 50 mètres.

GARDES-PORT. — Aube , *affluent de la Seine.*

NOMS ET PRÉNOMS.	ANNÉE de la naissance.	DATES des NOMINATIONS.	RÉSIDENCES.	INSPECTION de	NOM du juré-compteur.	PORTS confiés à leur surveillance, ou circonscription de l'arrondissement de chacun d'eux.
MM.						
R ROUILLOT (Joseph-Victor).	1797	22 juillet 1827	Brienne – la – Vieille (Aube), par Brienne-le-Château.	*Troies.*	Lenoir.	Brienne - la - Vieille. — Blaiucourt. — Lesmont.
A AVIAT – CHATE-LAIN (Théodore).	1796	24 décem. 1838	Arcis – sur – Aube (Aube).	*idem.*	*idem.*	Ports d'Arcis-sur-Aube.

(*) Les sinuosités de l'Aube, le grand nombre d'usines situées sur son cours, et le peu de largeur des portes marinières, gênent considérablement le flottage, et retardent beaucoup l'arrivée des bois destinés pour Paris, qui proviennent des coteaux très boisés qui avoisinent le cours de l'Aube.

Yonne, *affluent de la Seine.*

L'Yonne est flottable dans les départemens de la Nièvre et de l'Yonne, et navigable dans les départemens de l'Yonne et de Seine-et-Marne. Elle prend sa source dans le département de la Nièvre (Haut-Morvand), à 1/2 l. du Mont-Beuvray, et à 1/4 l. des étangs de Belle-Perche, entre Morin et Beriard, commune de Glux en Glenne. A proximité s'étendent les bois dits du Roi et de la forêt de la Gravelle.

Le flottage en trains et la navigation n'ont lieu sur l'Yonne qu'au moyen d'éclusées ou de crues artificielles.

L'administration se propose d'arrêter un système de travaux propres à perfectionner cette rivière entre Auxerre et Montereau.

L'Yonne et ses affluens fournissent à la capitale une quantité considérable de bois à brûler, de la charpente, du sciage, et charbon de bois.

Les bois fournis par l'Yonne proviennent des vastes forêts situées dans les départemens de la Nièvre, de l'Yonne, de la Côte-d'Or et de Saône-et-Loire.

GARDES-PORT. — Yonne, *affluent de la Seine.*

NOMS ET PRÉNOMS.	ANNÉE de la naissance.	DATES des NOMINATIONS.	RÉSIDENCES.	INSPEC-TION de	NOM du juré-compteur.	PORTS confiés à leur surveillance, ou circonscription de l'arrondissement de chacun d'eux.
MM.						
BINET-MARIÉ (Charles).	1786	6 janvier 1834	Armes (Nièvre), par Clamecy,	*Clamecy.*	*Lebel et Lemaire.*	De l'Armance à la barre du pertuis d'Armes.
BOURLET (Joseph-Arsène).	1785	6 janvier 1834	Clamecy (Nièvre).	*idem.*	*idem.*	De la barre d'Armes à celle de Clamecy.
CAGNAT (Auguste).	1814	9 janvier 1838	Idem.	*idem.*	*idem.*	De la barre de Clamecy à celle de la Forêt. Partie du canal comprise entre ces deux points.
TENAILLE-LESSY (Louis-Etienne).	1811	27 juin 1835	Surgy (Nièvre), par Clamecy.	*idem.*	*idem.*	De la barre de la Forêt à l'aiguillon des Caves-sur-Coulanges.
BRETON (Jean-René).	1793	6 janvier 1834	Coulanges (Yonne).	*idem.*	*idem.*	Du pont des Caves au pont de Coulanges.
CHARLGRAIN (Denis).	1780	6 janvier 1834	Idem.	*idem.*	*idem.*	Du pont de Coulanges à la barre de Crain.

NOMS ET PRÉNOMS.	ANNÉE de la naissance.	DATES des NOMINATIONS.	RÉSIDENCES.	INSPEC-TION de	NOM du juré-compteur.	PORTS confiés à leur surveillance, ou circonscription de l'arrondissement de chacun d'eux.
MM.						
LECHAT (Jean-Baptiste).	1791	6 janvier 1834	Crain (Yonne), par Clamecy.	*Clamecy.*	*Lebel et Lemaire.*	Ports situés entre la barre du pertuis de Crain et celle du pertuis de Lucy.
LECLERC (Jean-François).	1801	27 nov. 1830	Châtel–Censoir (Yonne), par Coulanges-sur-Yonne.	*idem.*	*Lemaire.*	Ports situés depuis le pertuis de Lucy, en aval , jusqu'à Terre-Rouge.
BOIZANTÉ (Sulpice)	1804	13 févr. 1828	Mailly – le – Château (Yonne).	*idem.*	*idem.*	Ports situés depuis Terre-Rouge jusqu'au dessus du pertuis du Bouchet.
ROUGELOT (Gabriel).	1763	3 sept. 1824	Mailly – la – Ville (Yonne), par Vermanton.	*idem.*	*idem.*	Ports situés depuis le Bouchet jusqu'à la Bosse-Blanche.
MAILLAU (Pierre-Philippe).	1787	6 juillet 1827	Cravant (Yonne), par Auxerre.	*idem.*	*Bonneau.*	Ports situés depuis la Bosse - Blanche jusqu'à Vincelles, Bazarne, Cravant , Vincelles, Vincelotte.
MARIÉ (François).	1798	18 mars 1828	la Cour–Barrée , par Auxerre (Yonne).	*idem.*	*idem.*	De Vincelles à Vaux.
BONNEAU (Alexis).	1804	3 juin 1837	Auxerre (Yonne).	*Joigny.*	*idem.*	Auxerre.
BONNEAU (Etienne)	1802	3 juin 1837	Monétau (Yonne), par Auxerre.	*idem.*	*idem.*	Monétau.
TULOT (Louis).	1790	27 juin 1835	Gurgy (Yonne) , par Auxerre.	*idem.*	*idem.*	Gurgy.
BOURBON (Etienne-Vincent).	1807	27 juin 1835	Regennes, par Joigny (Yonne).	*idem.*	*idem.*	Regennes , Gaure , Ravery.
DELAHAYE (J.-B.-Louis).	1792	2 janvier 1816	Bassou (Yonne).	*idem.*	*idem.*	Bassou.

NOMS ET PRÉNOMS.	ANNÉE de la naissance.	DATES des NOMINATIONS.	RÉSIDENCES.	INSPEC-TION de	NOM du juré-compteur.	PORTS confiés à leur surveillance, ou circonscription de l'arrondissement de chacun d'eux.
MM.						
DELAHAYE (Étienne-François).	1804	5 nov. 1831	Bassou (Yonne).	*Joigny.*	*Bonneau.*	Raveuse, Croc-au-Moines, Bonnard.
GALLOIS (Edme-Félix).	1790	5 juillet 1813	La Roche (Yonne), par Joigny.	*idem.*	*Billaudot.*	Les ports de l'embouchure du canal de Bourgogne jusqu'au territoire de la commune d'Esnou.
MOCQUOT (Pierre-Charles).	1785	10 août 1810	la Roche (Yonne), par Joigny.	*idem.*	*idem.*	La Roche, Péchevire.
ROUSSY (Louis-Honoré-Xavier).	1800	12 nov. 1822	Joigny (Yonne).	*idem.*	*Ragon.*	Port de Joigny.
PROTAT (L.-Alexandre).	1802	23 avril 1830	Cezy (Yonne), par Joigny.	*idem.*	*idem.*	Le port en amont du ruisseau du moulin de Cezy.
LEVERT (Antoine-Clément).	1794	15 février 1821	Cezy (Yonne), par Joigny.	*idem.*	*idem.*	Le port de St-Vrin, et en aval du ruisseau du moulin de Cezy.
GRESLÉ (Victor).	1785	29 mars 1821	St-Aubin (Yonne), par Joigny.	*idem.*	*idem.*	Port de St-Aubin.
TISSIER (Edme).	1776	16 mars 1812	Villecien (Yonne), par Joigny.	*idem.*	*idem.*	Villecien.
GALLIEN (Nicolas-Georges).	1770	5 décem. 1829	St-Julien – du – Sault (Yonne, par Villeneuve-le-Roi).	*idem.*	*idem.*	La Bouvière et le petit port.
SIMONNET (Edme-Jacques).	1796	22 mai 1821	Armeau (Yonne), par Villeneuve-le-Roi.	*idem.*	*idem.*	Armeau, Villevallier Lafalaise.

NOMS ET PRÉNOMS.	ANNÉE de la naissance.	DATES des NOMINATIONS.	RÉSIDENCES.	INSPEC-TION de	NOM du juré-compteur.	PORTS confiés à leur surveillance, ou circonscription de l'arrondissement de chacun d'eux.
MM.						
LEBLANC fils (Auguste-Dominique).	1815	22 juin 1838	Villeneuve – le – Roi (Yonne).	*Joigny.*	*Ragon.*	Rive gauche. — Depuis le petit port exclus. , en amont jusqu'au premier ruisseau de Rousson, et rive droite depuis le chemin du bac, vis-à-vis du petit port, jusqu'au port de Gueule-Sèche inclus.
GAGÉ fils (Auguste).	1805	22 avril 1825	Marsangy-sur-Yonne, par Villeneuve-le-Roi (Yonne).	*idem.*	*idem.*	Marsangy , Passy.
BERTHELOT (Maurice).	1798	7 mai 1835	Rosoy (Yonne), par Sens.	*idem.*	*idem.*	Rosoy, Etigny.
GAGÉ (Alexandre-Claude).	1809	3 juin 1837	Paron (Yonne), par Sens.	*idem.*	*idem.*	Paron, les ports du Finage de Gron , rive gauche de l'Yonne.
LEROUX (Louis).	1789	9 février 1816	Sens (Yonne).	*idem.*	*idem.*	La Vanne, Sens.
GAGÉ (Jean).	1801	16 février 1834	Villenavotte, parPont-sur-Yonne (Yonne).	*idem.*	*idem.*	Saint-Martin, Courtois, Villenavotte , St-Denis.
OBONET (Charles-Severin).	1788	27 juin 1814	Pont – sur – Yonne (Yonne).	*idem.*	*idem.*	Gisy , Pont-sur-Yonne, Serbonne.
JOUSSIGNAN (Auguste.).	1779	11 pluv.an XIII	Port-Renard (Yonne), par Pont-sur-Yonne.	*idem.*	*idem.*	La Tuilerie , Port-Renard.

Marne, *affluent de la Seine.*

Cette rivière prend sa source près de Langres, département de la Haute-Marne ; elle commence à être navigable dans le même département, à St-Dizier, et se jette dans la Seine à Charenton.

La Marne transporte des bois à brûler, des bois de marine, de charpente, de sciage et de charronnage, des lattes, du merrain, etc., et de charbon de bois.

C'est par elle que descendent les bois si estimés des départemens de la Marne, de la Haute-Marne, de la Meuse, de la Moselle, de la Meurthe et des Vosges (anciennes provinces de Champagne, de Lorraine et du l'Alsace).

Les principales forêts qui approvisionnent les ports de la Haute-Marne, sont :

1° En bois de l'État : la Charmoye, Mancy, Largençole, la montagne de Reims, Jouarre, Meucière, Rognat, Beuvardes, Fère-en-Tardenois.

2° En bois appartenant aux particuliers : Epernay, Enghein près de Damerie, Vassy, Montierender, Châtillon, Chartèves, Vertus, Montmort, Bourseau, Ville-en-Tardenois, Condé et Treloup.

En vertu de la loi du 19 juillet 1837, des fonds ont été affectés à l'exécution de deux canaux latéraux à la Marne ; l'un, situé dans le département de la Marne, entre Vitry et Dizy, près d'Épernay, sur une longueur de 70,000 mètres ; l'autre, situé dans le département de Seine-et-Marne, entre Meaux et Chalifert, et d'une longueur de 12,190 m.

GARDES-PORT. — Marne, *affluent de la Seine.*

NOMS ET PRÉNOMS.	ANNÉE de la naissance.	DATES des NOMINATIONS.	RÉSIDENCES.	INSPEC-TION de	NOM du juré-compteur.	PORTS confiés à leur surveillance, ou circonscription de l'arrondissement de chacun d'eux.
BOULLAND (Victor)	1799	11 juillet 1834	St – Dizier (Haute-Marne).	*Châlons.*	»	St-Dizier.
BOULLAND (Claude-Pierre).		22 mars 1812	Valcour (H.-Marn.), par St–Dizier.	*idem.*	»	Valcour, Martelot, Loricour.
CHAMPION (François).	1806	25 juin 1838	Saint-Martin-sur-le-Pré (Marne), par Châlons-s.-Marne.	*idem.*	Chiquan.	St-Martin sur-le-Pré.
BOUCHÉ (Jacques).	1794	12 octob. 1825	Mareuil-sur-Ay, par Epernay (Marne).	*idem.*	*idem.*	Tours-sur-Marne, Mareuil-sur-Ay.

NOMS ET PRÉNOMS.	ANNÉE de la naissance.	DATES des NOMINATIONS.	RÉSIDENCES.	INSPEC-TION de	NOM du juré-compteur.	PORTS confiés à leur surveillance, ou circonscription de l'arrondissement de chacun d'eux.
MM.						
T TERJU (Pierre-Marie-Aimé).	1799	7 février 1828	Epernay (Marne).	*Châlons.*	*Chiquan.*	Epernay, Disy.
9 PLATEAU (Jean-Baptiste-Egalité).	1794	20 avril 1838	Cumières (Marne), par Epernay.	*idem.*	*idem.*	Cumières.
I) CLOUET (Benjamin)	1815	16 nov. 1838	Damery (Marne), par Epernay.	*idem.*	*idem.*	Damery.
I) CHAMBRON (Félix-Auguste).	1794	2 avril 1822	Binson (Marne), par Dormans.	*idem.*	*idem.*	La Cave, Reuil, Maison-Rouge.
I) CHAMBRON (Jean-Marie-Joseph).	1787	28 avril 1828	Idem.	*idem.*	*idem.*	Binson.
I) CHAMBRON (Nicolas-Victor).	1795	31 octobr. 1825	Verneuil (Marne), par Dormans.	*idem.*	*idem.*	Verneuil, Tril.
M MIGNON (Jean-Joseph).	1767	29 fruct. an 13	Vincelles (Marne), par Dormans.	*idem.*	*idem.*	Vincelles.
IG DECOUX (Louis-Germain).	1802	18 mai 1833	Dormans (Marne).	*idem.*	*idem.*	Dormans.
DS SOMMÉE (Louis-Sébastien).	1807	16 nov. 1838	Tréloup (Aisne), par Dormans (Marne).	*idem.*	*idem.*	Tréloup.
IB BRIOUT (Pierre-Antoine).	1786	11 juillet 1814	Sauvigny (Aisne), p. Dormans (Marne).	*idem.*	*idem.*	Sauvigny.

NOMS ET PRÉNOMS.	ANNÉE de la naissance	DATES des NOMINATIONS.	RÉSIDENCES.	INSPEC-TION de	NOM du juré-compteur.	PORTS confiés à leur surveillance ou circonscription de l'arrondissement de chacun d'eux.
MM.						
DEHU (Pierre).	1768	2 germ. an 11	Barzy (Aisne), par Dormans (Marne).	*Châlons.*	*Chiquan.*	Barzy.
CLOUET (Benjamin).	1785	27 juin 1814	Jaulgonne (Aisne), par Château-Thierry	*idem.*	*idem.*	Jaulgonne.
CHAMBRON (Victor).	1809	18 mai 1833	Mezy-Moulin (Aisne), par Château-Thierry.	*idem.*	*idem*	Bouche-à-Marne, Moulin, et suce se melin (*), d'Orbais et C
DUMOULIN (François-Isidore).	1801	6 avril 1825	Mont–St-Père (Aisne), par Château-Thierry.	*Château-Thierry.*	*idem.*	Chartèves, Mo Père.
DUJOUR (Charles).	1769	10 juin 1804	Brasles (Aisne), par Château-Thierry.	*idem.*	*Laurent.*	Gland, Blesme,
BARONNA (Pierre-François).	1788	2 nov. 1829	Château - Thierry (Aisne).	*idem.*	*idem.*	Château-Thier somme.
HARDY (Louis-Antoine-Napoléon).	1807	4 décem. 1828	Nogent – l'Artault (Aisne), par Charly.	*idem.*	*idem.*	Azy , Chery , Nogent , Sa Charly , Piss Pavant, Lapi
DEPAUX (Alexandre-Paschal).	1802	22 juillet 1827	Caumont , par La Ferté-sous-Jouarre (Seine-et-Marne).	*idem.*	*idem.*	Croutles , Nant sancy, Caum celle , St-Au
JOSSÉ (Onezime).	1810	10 octob. 1833	Fay·, par La Ferté-sous-Jouarre (Seine-et-Marne).	*idem.*	*idem.*	Reuil , Lafert Jouarre, Fay Jeauchivre.
GANDOLPHE (Félix-Victor).	1815	21 nov. 1838	Lisy-sur-Ourcq (Seine-et-Marne).	*idem.*	*Laurent et Godart.*	Jaignes, Tancro Congis , V V Meaux , L Ourcq.

(*) Le *Surmelin* est flottable une partie de l'année, et dans les grandes eaux depuis Orbais. Le premier marchand bois qui fit flotter, eut à soutenir, contre les religieux d'Orbais, le seigneur du Breuil et les dames de Château-Thierry un procès qui le ruina. Il l'emporta néanmoins sur ses puissants adversaires.

NOMS PRÉNOMS.	ANNÉE de la naissance.	DATES des NOMINATIONS.	RÉSIDENCES.	INSPECTION de	NOM du juré-compteur.	PORTS confiés à leur surveillance, ou circonscription de l'arrondissement de chacun d'eux.
) ATTETTE (Antoi- Pierre).	an 10	22 juillet 1827	Trilport, par Meaux (Seine-et-Marne).	Château-Thierry.	Laurent.	Poincy, Rezel, Trilport, Nauteuil-lès-Meaux, Villenoix, Venise.
CHAMBERLAN n-Baptiste-Ni- (as).	1772	27 juin 1814	Condé Ste-Libière, par Meaux (Seine-et-Marne).	idem.	idem.	Les Roises, Condé, Trilbardou. (Il est en même temps garde du Bouchy du Morin).
S père (Médard)	1774	19 juin 1821	Montevrain, par Lagny (S.-et-Marne).	idem.	idem.	Dampmart, Montevrain, Lagny, Pomponne, Noisiel, les Praslons, Gournay.
YOY (Louis-Vict).	1798	10 décem. 1827	Chenevières (Seine-et-Oise), par Champigny.	idem.	idem.	Creteil, St-Maur, Chenevières, Bonneuil.

Oise, *affluent de la Seine.*

L'Oise prend sa source près de Selogne, dans les bois dits de la Thierache, commence à être flottable à Bautor (Aisne) et navigable à Chauny (Aisne). Elle se jette dans la Seine à Conflans-Ste-Honorine (Seine-et-Oise).

L'Oise passe dans les Ardennes, où elle n'est ni navigable, ni flottable. Elle fournit bois à brûler dur et blanc, bouleau, fagots, coterêts, margotins, charpente, sciage, bois en grûme, lattes, jantes, charbons de bois, et charbons de terre du département du Nord et de la Belgique.

La rivière d'Oise est la voie par laquelle les nombreux canaux du Nord, l'Escaut, la Somme, la Meuse, l'Aisne, communiquent avec Paris.

Le canal latéral à l'Oise a été commencé en 1826 et ouvert au commerce en 1828. Ce canal, qui remplace par une ligne de 28,610 mètres de longueur un trajet de 47,000 mètres en lit de rivière, a affranchi la navigation de tous les dangers et des obstacles que lui opposait le cours de l'Oise, et assuré en même temps au commerce une économie considérable sur les frais de transport : ainsi le halage et le pilotage d'un grand bateau exigeaient, pour les 47,000 mètres de rivière, une dépense de 200 fr. environ ; aujourd'hui le pilotage est inutile, et les frais de halage, pour les 28,610 mètres de canal, s'élèvent de 4 à 5 fr.

Rentrés dans l'Oise à l'issue du canal, les bateaux trouvent la rivière transformée, jusqu'à Pontoise, en sept bassins formés par des barrages éclusés.

Un grand nombre de *hauts-fonds*, sur lesquels l'Oise n'offrait quelquefois en été que 40 ou 45 centimètres de hauteur d'eau, sont, dans la même saison, couverts de 1 mètre 60 centimètres.

GARDES-PORT. — Oise, *affluent de la Seine.*

NOMS ET PRÉNOMS.	ANNÉE de la naissance.	DATES des NOMINATIONS.	RÉSIDENCES.	INSPECTION de	NOM du juré-compteur.	PORTS confiés à leur surveillance, ou circonscription de l'arrondissement de chacun d'eux.
MM.						
MATHIAS (Antoine)	1815	17 juin 1837	Bautor (Aisne), par Chauny.	*Noyon.*	*Lambert.*	La Ferté, Bautor, Quessy, Fosquier, Menessy
DEBRENNE (Pierre-Barthélemy).	1804	18 mai 1828	Chauny (Aisne).	*idem.*	*idem.*	Rouy, canal Crozat, d l'écluse de Tergny Chauny, Abbécourt Manicamp, Quiersy
CAUCHE (Pierre-Louis).	1794	3 mars 1822	Pet.-Pontoise (Oise), par Noyon.	*idem.*	*idem.*	De Bretigny exclusivement au Petit-Pon toise, Varennes.
LEBELLE aîné (Stanislas-Fortuné).	1814	15 février 1836	Sampigny (Oise), par Noyon.	*idem.*	*idem.*	Pont - l'Evêque, Ourn camp, Bailly, Sam pigny.

NOMS ET PRÉNOMS.	ANNÉE de la naissance.	DATES des NOMINATIONS.	RÉSIDENCES.	INSPEC-TION de	NOM du juré-compteur.	PORTS confiés à leur surveillance, ou circonscription de l'arrondissement de chacun d'eux.
MM.						
SIMBOZELLE (Jacques–Thomas).	1798	27 juin 1837	Mont-Macq (Aisne), par Ribecourt.	*Compiég.*	*Lambert.*	Flandre - St-Léger-aux-Bois, bac à Bellerive, Montmacq , Plisson-Brion, Montchevreuil et toute la partie de la rive droite de l'Aisne qui s'étend depuis le confluent de cette rivière avec l'Oise jusqu'à Francport exclusivement.
PETIT (Louis-Hon.).	1797	27 juin 1837	Saint - Germain - lès- Compiègne (Oise), par Compiègne.	*idem.*	*Langelez.*	Royal-Lieu , Saint-Germain-sur-Oise.
MADELAIN (Pierre-Antoine).	1791	30 avril 1835	La Croix-Saint-Ouen (Oise) , par Compiègne.	*idem.*	*idem.*	Lacroix , Rivecourt , Verberie.
LANGELEZ fils (Gaetan).	1807	17 juillet 1830	Pont-Sainte–Maxence (Oise).	*idem.*	*idem.*	Verneuil, Creil, Saint-Leu, Pont-Sainte-Maxence.
DANDRY (Henri-Victor).	1802	7 mai 1831	Beaumont (Seine-et-Oise).	*idem.*	*idem.*	Boran, Beaumont , Précy, Ile-Adam, Epluche-sur-Oise.

Cure, *affluent de l'Yonne.*

La Cure prend sa source dans le Bas-Morvand, au sud de Gien-sur-Cure, au revers de la montagne qui donne son nom à la rivière de la *Houssière*, mais elle ne commence à flotter à bûches perdues qu'à *Montsauche* (*), et en trains à Arcy (Yonne).

Les bois flottés sur la Cure et le Cousin, qui proviennent du Morvand et qui sont destinés pour Paris, sont mis en trains entre Arcy et Vermanton, où se trouve établi l'entrepôt général du commerce de ces rivières.

Le flottage à bûches perdues n'éprouve pas de grandes difficultés entre Arcy et le confluent du Cousin, sur une longueur de 2 l. 1/2; mais depuis ce confluent jusqu'à celui du Chalaux, sur une étendue de 6 l. 1/4, le lit de la Cure est encombré de blocs de granit qui entravent le flottage. Les mêmes obstacles se présentent en amont de ce dernier confluent et y sont même encore plus considérables. Ces difficultés sont telles que les flots qui partent de Montsauche n'arrivent que la deuxième année à Vermanton.

Les ports flottables sur la Cure sont : Pont de Saulieu, le Grand-Pont, le Railly, le Charteleau, la Trait, la Chaume-aux-Renards, Crotefou, la Verdière, Lingoux, Chastellux, Port d'Oiseaux, Saint-André, la Chassignole, Cure et Seiglan.

Les principales forêts qui alimentent les flots de la Cure et du Cousin sont : les bois de Montsauche, de Roche, des Grands-Champs, de Fresnes et Champeaux, la forêt de Breuille, les bois de Saint-Brisson, Nolet et Chenu, du Roi-de-Quarré, de Laroche, de Saint-Aignan, du Parc, de Saint-Léger, de Cure, de Saint-Marc, de Vésigneux, de Bazoche, de Lorme, de Chastellux, d'Avallon, de Saulieu, etc.

Les principaux bois et forêts qui alimentent la Cure en bois neufs, sont :

1° Forêt de Girolle, dont les bois se déposent sur le port du Grand-Gué.

2° Bois du Lac-Sauvin, d'Arcy et de Bessy, dont les coupes se déposent sur le port de la Croix-St-Edme.

3° Forêt d'Erveau, bois des Chagnats, de Sacy, dont les coupes se déposent sur les ports de Reigny.

4° Bois de Nitry, de Lichers, de St-Cyr-les-Colons, de Préhy, de la Provanchère, de Chenilly, des Vaux-Germain, de Vermanton, de Reigny, d'Accolay, etc.

GARDES-PORT. — Cure, *affluent de l'Yonne.*

NOMS ET PRÉNOMS.	ANNÉE de la naissance.	DATES des NOMINATIONS.	RÉSIDENCES.	INSPEC-TION de	NOM du juré-compteur.	PORTS confiés à leur surveillance, ou circonscription de l'arrondissement de chacun d'eux.
MM.						
LOUVRIER (Jean-Baptiste).	1800	6 janvier 1834	Arcy - sur – Cure (Yonne), par Vermenton.	Clamecy.	Bonneau.	Le Grand-Gué jusqu'au port de Bessy.
MIGNOT (Jean-Antoine).	1790	14 nov. 1837	Vermenton (Yonne).	idem.	idem.	Depuis le port de Bessy jusqu'au Grand-Beaumont exclusivement.
GOURLOT (Ignace).	1792	6 janvier 1834	Vermenton (Yonne).	idem.	idem.	Depuis le Grand-Beaumont inclusivement, jusqu'à Accolay.

(*) On donne aussi le nom de ruisseau de *Montsauche* à la partie supérieure de la Cure.

Armançon, *affluent de l'Yonne.*

Cette rivière, qui a sa source à la fontaine de Tagny, commune d'Essey (Côte-d'Or), se jette dans l'Yonne au-dessus de La Roche (Yonne). C'est dans ce dernier département qu'elle commence à être flottable (*), savoir : à bûches perdues à St-Florentin, où elle reçoit l'Armance, et en trains à Brinon-l'Archevêque.

GARDES-PORT. — Armançon, *affluent de l'Yonne.*

NOMS ET PRÉNOMS.	ANNÉE de la naissance.	DATES des NOMINATIONS.	RÉSIDENCES.	INSPEC-TION de	NOM du juré-compteur.	PORTS confiés à leur surveillance, ou circonscription de l'arrondissement de chacun d'eux.
MM.						
DESCAVES (Edme-André).	1787	1er mai 1825	Brinon (Yonne).	Joigny.	Billaudot.	Les ports en amont du pertuis de Brinon.
DUFOUR (Etienne).	1790	6 mars 1820	Brinon (Yonne).	idem.	Billaudot.	Lefoulon - sur - l'Armençon, Brinon. (Il est chargé de la surveillance des ports de la partie du canal de Bourgogne, entre le dessous du pont de Crécy et le territoire de la commune d'Esnon inclusivement, dép. de l'Yonne. (Décision du 13 sept. 1830.)
COIGNÉE (Jean-Baptiste).	1784	16 sept. 1816	Brinon (Yonne).	idem.	Billaudot.	Cheny.

(*) Avant 1789, le flottage remontait beaucoup plus haut, et l'Armançon fournissait à l'approvisionnement de Paris de 30 à 35,000 cordes de bois; mais cette rivière est épuisée aujourd'hui par les usines et les établissemens construits sur son cours, et la majeure partie des bois est consommée par les forges du pays. Les principaux affluens supérieurs de l'Armançon, qui servaient à ce flottage, étaient la *Brenne*, le *Lozerein*, le *Bernay*, la *Loze*, le *Turcey* ou *Blaisy*, les ruisseaux de *Bussy-la-Pèle*, de *Frolois*, ou de *Saint-Jean-de-Bonneval*, le *Mélizey* et le *Ban*.

Saulx, *affluent de la Marne.*

La rivière de Saulx prend sa source au-dessus de Bressoncourt. Elle traverse les départements de la Haute-Marne, de la Meuse et de la Marne.

La Saulx est flottable en trains depuis son confluent avec l'Ornain (*) jusqu'à son embouchure.

GARDES-PORT. — Saulx, *affluent de la Marne.*

NOMS ET PRÉNOMS.	ANNÉE de la naissance.	DATES des NOMINATIONS.	RÉSIDENCES.	INSPEC-TION de	NOM du juré-compteur.	PORTS confiés à leur surveillance, ou circonscription de l'arrondissement de chacun d'eux.
MM.						
THIÉBAULT (Claude-Nicolas).	1779	22 juin 1834	Pargny, par Vitry-le-Français (Marne).	*Châlons.*	»	Toute la partie basse du port de Pargny, côté du midi.
HUOT (François-Joseph-Ferdinand).	1795	22 juin 1834	Ibid.	*idem.*	»	Toute la partie haute du port de Pargny, côté du nord.

(*) La source de l'*Ornain* est au-dessus de Trampol, à la ferme d'Audeux (département de la Marne).

Ourcq, *affluent de la Marne.*

L'Ourcq prend sa source dans la forêt de Ris, au-dessous de Vilardelle, commence à être navigable au Port-aux-Perches, au-dessus de la Ferté-Milon, et elle se jette dans la Marne à Mary (Seine-et-Marne).

L'Ourcq fournit bois à brûler, bois en grume, charpente, sciage, charronnage, étaus, lattes, échalas, fagots, bourrées, merrain, lisoires, jantes, boissellerie, sabotage, etc., charbons de bois et tourbe carbonisée.

L'Ourcq est spécialement approvisionnée par la forêt de Villers-Cotterets, riche en bois d'ouvrage et en bois de charpente de grande dimension, et par les bois de Montigny et de Grandelu, près de Crouy.

Les charbons de bois viennent à Paris par terre.

Les tourbes proviennent des marais de Crouy, Vaux-sous-Coulon, Mey. On les carbonise et on les descend sur Paris.

GARDES-PORT. — Ourcq, *affluent de la Marne.*

NOMS ET PRÉNOMS.	ANNÉE de la naissance.	DATES des NOMINATIONS.	RÉSIDENCES.	INSPEC-TION de	NOM du juré-compteur.	PORTS confiés à leur surveillance, ou circonscription de l'arrondissement de chacun d'eux.
MM.						
1 PETIT (Louis-Antoine-Victor).	1792	23 juillet 1823	Port aux Perches (Aisne), par La Ferté-Milon.	*Château-Thierry.*	*Godart.*	Port-aux-Perches. Maloix.
3 EPOIGNY (Jules-Edme).	1779	20 février 1839	Marolles (Oise), par La Ferté-Milon (Aisne)	*Idem.*	*Idem.*	Nimor, Fossé-Rouge (1).
14 PETIT (Alexandre-Auguste).	1802	29 octob. 1829	Marcuil (Oise), par La Ferté-Milon (Aisne)	*Idem.*	*Idem.*	Marcuil. Queudham (2), Bournoville, Guillouvray, Bouillon, Neufchelles, Beauval, Crouy, Clacot, Vernelles.

(1) L'arrondissement du garde-port, à la résidence de Marolles, a pour limite, sur la rive droite de l'Ourcq, la fontaine de Saint-André, située au-dessous du port dit le *Gravier*; et le pertuis de Queudham est la limite de la rive gauche entre les gardes-port, à la résidence de Port-aux-Perches et de Marolles.

Le port au blé, qui se trouve au-dessus d'une partie de la Ferté-Milon, est la limite qui sépare sur les deux rives de l'Ourcq les arrondissemens de ces deux gardes-port. (*Décision du 13 octobre 1827.*)

(2) L'empilage des bois, sur le port de Queudham, se fait du haut en bas du port, au lieu d'établir les piles en travers, ainsi que cela se pratiquait. (Extrait d'une lettre de M. le commissaire-général, du 29 juillet 1829.)

Grand-Morin, *affluent de la Marne.*

La source du Grand-Morin est à l'étang de Chapton au-dessus de Lâchy. Cette rivière traverse les départemens de la Marne et de Seine-et-Marne. Son cours sert au transport des bois de la forêt de Crécy et autres environnans.

Le flottage en trains commence à Guerard, rive gauche (*).

GARDE-PORT. — Grand-Morin, *affluent de la Marne.*

NOM ET PRÉNOMS.	ANNÉE de la naissance.	DATE de la NOMINATION.	RÉSIDENCE.	INSPEC-TION de	NOM du juré-compteur.	PORTS confiés à sa surveillance.
M. SIMAS fils (Claude-Auguste).	1798	19 juin 1821	Tigeaux (Seine-et-Marne), par Crécy.	*Château-Thierry.*	*Laurent.*	Besy, Liary, Dammartin, Tigeaux, Lachapelle, Crécy.

(*) On aurait pu rendre le Morin flottable à bûches perdues dès sa source, et les forêts du Gault, de la Tarconne, de la Braule, du Mein et autres, auraient alimenté son flot ; mais son cours a été suspendu et l'eau renvoyée pour abreuver la ville de Sezanne et lui faciliter les moyens d'établir les machines et usines qui lui étaient nécessaires.

Sivière, *affluent de l'Ourcq.*

Le ru de Sivière porte aussi les noms de ru de *Javage* ou de *Longpont*; il prend sa source à Parcy (Aisne), et passe à Morembœuf et à Longpont, où le flottage commence. Ce flottage est alimenté par les étangs de Longpont.

Au-dessous de Longpont est Corcy, où se joint à droite le ru de Corcy, qui sort de la forêt de Villers-Cotterets, et qui a servi au flottage à bûches perdues.

Les bois flottés annuellement sur le ru de Sivière, provenant de la partie orientale de la forêt de Villers-Cotterets, sont destinés pour Paris.

GARDE-PORT. — SIVIÈRE, *affluent de l'Ourcq.*

NOM ET PRÉNOMS.	ANNÉE de la naissance.	DATE de la NOMINATION.	RÉSIDENCE.	INSPEC-TION de	NOM du juré-compteur.	PORTS confiés à sa surveillance.
M.						
BOCQUET (Pierre-Joseph).	1808	20 avril 1838	La Ramée près Corcy (Aisne), par Villers-Cotterets.	*Château-Thierry.*	*Godart.*	La Ramée, Longpont, Corcy, le ru de Si-vière.

––––––––○○○––––––––

Aisne, *affluent de l'Oise.*

L'Aisne parcourt les départemens de la Meuse et de la Marne, où elle n'est ni navigable ni flottable.

Cette rivière prend sa source à Somme-Aisne (Meuse), commence à être flottable en trains au port de *Mouron* (Ardennes), à porter bateau à *Château-Portien*, et elle se jette dans l'Oise au-dessus de Compiègne (Oise).

L'Aisne fournit bois de chauffage dur et blanc, bouleau, bureau, racine, billonettes, cotrets et fagots, charpente, sciage, étaux, échalas, lattes, charronnage et margotins; charbon de bois.

On ne flotte sur l'Aisne que des bois de marine, de charpente et en grume, dont on forme des trains aux ports de Mouron, Vouziers, Semuy, Rethel et Condé-lès-Herpy. Ces bois proviennent des forêts de Mazarin, du Mont-Dieu, de la Maison-Rouge, de Signy, et en général de toutes celles qui environnent le lit de cette rivière, très boisée dans sa partie supérieure.

Les travaux à exécuter pour le perfectionnement de la navigation de l'Aisne, s'étendront sur 111,000 m. 00 de longueur, depuis Vieux-les-Asfeld, où se termine le canal des Ardennes, jusqu'au confluent de l'Aisne dans l'Oise, à environ trois kilomètres en amont de la ville de Compiègne. Ils présenteront deux parties distinctes : la première comprendra l'ouverture d'un canal latéral à l'Aisne, sur la rive gauche de cette rivière, et sur une longueur de 53,000 m., comprise entre l'écluse de Vieux-les-Asfeld et le village de Condé-sur-Aisne, au confluent de la Vesle. Les écluses, au nombre de sept, rachèteront ensemble, lors de l'étiage des eaux de l'Aisne, une pente de 17 m. 06 c. Elles auront 5 m. 20 c. de largeur entre les Bajoyers, et 34 m. de longueur de sas, mesurés entre la naissance du mur de chute et l'origine des enclaves d'aval.

La seconde partie des travaux relatifs au perfectionnement de la navigation de l'Aisne, comprendra, sur un développement total de 38,000 m., les ouvrages nécessaires à l'établissement d'une navigation constante et régulière, dans le lit même de la rivière, depuis le confluent de la Vesle jusqu'à la rivière d'Oise. Les ouvrages de cette seconde partie consisteront principalement en huit barrages, qui auront pour effet de relever les eaux dans la saison où elles sont trop basses pour fournir à la navigation une hauteur d'eau convenable. Ces barrages pourront disparaître et rendre à la rivière son débouché primitif au moment des crues et des débâcles, et aux époques de l'année où l'Aisne offre naturellement une hauteur d'eau suffisante pour le service de la navigation.

GARDES-PORT. — Aisne, *affluent de l'Oise.*

NOMS ET PRÉNOMS.	ANNÉE de la naissance.	DATES des NOMINATIONS.	RÉSIDENCES.	INSPECTION de	NOM du jauge-compteur.	PORTS confiés à leur surveillance, ou circonscription de l'arrondissement de chacun d'eux.
MM. MEUNIER (François-Dominique).	1786	27 juin 1837	Rethondes (Oise), par Compiègne.	Compiègne.	Lambert.	Carendeau, Les Etapes, Lajoyette, Franc-Porte, Platport, Port-Mahon, rion.

NOMS ET PRÉNOMS.	ANNÉE de la naissance.	DATES des NOMINATIONS.	RÉSIDENCES.	INSPEC-TION de	NOM du juré-compteur.	PORTS confiés à leur surveillance, ou circonscription de l'arrondissement de chacun d'eux.
MM.						
LEBRET (Pierre).	1796	27 juin 1837	Cuise–Lamotte (Oise), par Compiègne.	Compiè-gne.	Lambert.	Le Laurin, Lamotte, At-tichy, Jaulzy, Vic-sur-Aisne, Pasly, Ca-nivet et Soissons.
LARZILLIÈRE (Eu-gène).	1795	22 août 1826	Pontavaire (Aisne), par Fisme (Marne).	idem.	idem.	Neufchâtel, Pontavaire, Condé.

Vandi, *affluent de l'Aisne.*

Le Vandi a deux sources situées toutes deux dans le département de l'Aisne ; l'une à Sainte-Clotilde, près de Vivières, et l'autre à Retheuil.

Le flottage commence, sur la branche de Sainte-Clotilde, à Longue-Avoine, 1/2 l. de sa source, et sur l'autre branche à Thimet, 3/4 l. de sa source.

Il existe sur la partie flottable du Vandi une douzaine de moulins dont les vannes, destinées au passage des bois, ont une largeur qui varie de 1 m. 10 c. à 1 m. 62 c.

Le Vandi coule au nord de la forêt de Villers-Cotterets, et à l'est de celle de Compiègne.

GARDE-PORT. — Vandi, *affluent de l'Aisne.*

NOM ET PRÉNOMS.	ANNÉE de la naissance.	DATE de la NOMINATION.	RÉSIDENCE.	INSPEC-TION de	NOM du juré-compteur.	PORTS confiés à sa surveillance.
M. WATERLOT (Baptiste).	1781	22 juin 1834	Taille-Fontaine (Aisne), par Villers-Cotterets.	Compiègne.	Lambert.	Toute l'étendue des ruisseaux de Sainte-Clotilde et de Vandi.

Loire.

La Loire traverse le département de l'Ardèche, où elle prend sa source et où elle n'est ni navigable ni flottable.

La source de la Loire est au Mont-Gerbier, près de Sainte-Eulalie, dont il est éloigné d'une lieue N.-E.

Le flottage en trains commence à Retournac (1), et sert au transport des sapins destinés à la construction des bateaux.

Le lit de la Loire a été rectifié entre les ports de Saint-Just et d'Andrézieux.

Un chemin de halage a été construit sur 3,000 m. de longueur, entre Saint-Maurice et la papeterie de Montgolfier. Les avantages que présente l'exécution de cette petite partie, dont la largeur a été fixée à 3 m. 50, fait pressentir de quelle utilité sera le chemin que l'on doit ouvrir entre Roanne et Balbigny, dans une localité où il n'existe aucune communication.

En aval du port d'Andrézieux, et sur la rive droite de la Loire, on a construit une levée qui sert à fixer le cours du fleuve, et protège en même temps une partie du territoire de la commune de Bouthéon, qui a concouru à la dépense de cet ouvrage pour une somme de 1,327 f. 78 c.

Au passage du Perron, on a établi des barrages qui ont augmenté le mouillage sur les pointes les plus saillantes de plusieurs rochers; enfin, on a extirpé plusieurs parties de rochers qui nuisaient à la navigation dans l'étendue des passages connus sous les noms de Saut-de-Pinay, de Rio-Filguier, de la Pierre-Saveuse, des Piles de St-Maurice et de la Motte-Verte.

Les dépenses faites au 31 décembre 1837, sur le fonds créé par la loi du 30 juin 1835, s'élèvent à la somme de 91,964 f. 66 c.

GARDES-PORT. — Loire.

NOMS ET PRÉNOMS.	ANNÉE de la naissance.	DATES des NOMINATIONS.	RÉSIDENCES.	INSPEC-TION de	NOM du juré-compteur.	PORTS confiés à leur surveillance, ou circonscription de l'arrondissement de chacun d'eux.
MM.						
IOGILLOT (Jean-Marie).	1797	2 août 1832	Digoin (Saône-et-Loire).	*Nevers.*	»	Chevannes, Digoin, Bec-de-l'Odde, Thaleine.
OBONNARD (Jean).	1796	31 juillet 1837	Diou (Allier), par Dompière.	*idem.*	»	Diou en amont, Bèbre en aval.
IMMILHEUREUX (Gilbert).	1760	30 août 1813	Fourneau (Saône-et-Loire), par Bourbon-Laney.	idem.	»	Saint-Aubin, Jomesson en amont, Le Fourneau, Teuillon, Braguy en aval.
JELLOSTRE (Gabriel).	1794	21 octob. 1824	Gannay (Allier).	idem.	»	Gannay, les Gougnauds.
ABAVRE (Jean-Marie)	1798	8 août 1832	Cornats (Nièvre), par Decise.	idem.	»	Les Cornats en aval.

(1) On assure, d'après des notes historiques du Velay, qu'antérieurement à l'année 1559, le flottage sur la Loire commençait à la forêt de Bauzon (3 lieues au-dessous de sa source), mais on ne sait au reste si c'était à bûches perdues ou en trains.

NOMS ET PRÉNOMS.	ANNÉE de la naissance.	DATES de la NOMINATION.	RÉSIDENCES.	INSPEC-TION de	NOM du juré-compteur.	PORTS confiés à leur surveillance, ou circonscription de l'arrondissement de chacun d'eux.
MM.						
REGNIER (François)	1816	15 février 1836	Tareau (Nièvre), par Decise.	*Nevers.*	»	Tareau.
REGNIER (Antoine-Léon).	1817	20 février 1839	Decise (Nièvre).	*idem.*	»	Decise, Crott en amont.
CORNU (Claude).	1795	9 mai 1838	La Charbonnière (Nièvre), par Decise.	*idem.*	»	La Charbonnière.
ROCHET (Jean).	1774	30 mars 1810	Tinte (Nièvre), par Decise.	*idem.*	»	Tinte en aval.
DAUPHIN (Jacques).	1810	17 mai 1833	Avry-sur-Loire (Nièvre).	*idem.*	»	Avril, Champ-Mouton.
MARTIN (Jean).	1806	25 avril 1831	Béard (Nièvre).	*idem.*	»	Beard en aval.
COMMAILLE (Jean-Baptiste).	1780	25 mai 1829	Uxeloup (Nièvre), par St-Pierre-le-Moutiers.	*idem.*	»	Uxeloup.
PETIT (François-Alexandre).	1816	21 avril 1838	Imphy (Nièvre), par Nevers.	*idem.*	»	Desbois, Imphy, Thiou, Chevenon.
IMBERT (Denis).	1796	21 mars 1837	Nevers (Nièvre).	*idem.*	»	Nevers, St-Eloy.
DUBOIS (François).	1818	20 nov. 1838	Bec-d'Allier (Cher), par Nevers (Nièvre).	*idem*	»	Les Bouillots, Givry, Aubigny et Poids-de-Fer
USQUIN-DEVRAY (Nicolas).	1798	27 mai 1833	La Charité (Nièvre).	*idem.*	»	La Charité, La Marche Vauvret.
GRESSIN (Claude-Isidore).	1806	20 nov. 1838	Pouilly-sur-Loire (Nièvre).	*idem.*	»	Pouilly, Les Vallées, Les Loges, Tracy et Mèves

NOMS ET PRÉNOMS.	ANNÉE de la naissance.	DATES des NOMINATIONS.	RÉSIDENCES.	INSPEC-TION de	NOM du juré-compteur.	PORTS confiés à leur surveillance, ou circonscription de l'arrondissement de chacun d'eux.
MM.						
AVETTE (Edme - Louis).	1798	20 février 1839	St-Thibault-lès-Sancerre (Cher).	*Nevers.*	»	Gurgaude , Rochoir, St-Thibault-lès-Sancerre.
BELLEAU (François)	1792	31 octob. 1825	Cosne (Nièvre).	*idem.*	»	Cosne, Mienne, Ste-Brigitte.
CHEVALEAU (Henry).	1797	8 sept. 1828	Neuvy-sur-Loire (Nièvre).	*idem.*	»	Neuvy , Léry-sur-Loire.
LAFOY (Casimir).	1804	23 nov. 1821	Loups (Loiret), par Bosny.	*idem.*	»	Les Loups, Ousson.
LARUE (Edme).	1792	14 juillet 1827	Châtillon – sur – Loire (Loiret).	*Lorris.*	*Bertheaume.*	Châtillon, Lamotte, St-Firmin, Laboelle, Les Glas, Beaulieu.
LEJARRE (Jacques).	1808	14 juin 1831	Gien (Loiret).	*idem.*	*idem.*	Gien, Laronce, St-Brisson, La Chevrette, Lamotte.
MARCILLE (Jean-Louis).	1792	21 avril 1838	Ouzouer – sur – Loire (Loiret).	*idem.*	*idem.*	Pierre - Lait, Ouzouer-sur-Loire, Cussy.
COFFINEAU (Louis Jacques- François).		30 nov. 1819	St-Père-lès-Sully (Loiret).	*idem.*	*idem.*	St-Père-les-Sully, Lorme, St-Benoît et St-Thibaut.
AVEZARD (Michel).	1806	3 octob. 1829	Sully-sur-Loire (Loiret), par Gien.	*idem.*	*idem.*	Sully-sur-Loire.
VIÉ (Alexandre).	1811	20 février 1839	Bouteille (Loiret), par Orléans.	*idem.*	*idem.*	Bouteille.
LLIGER (Jules).	1809	2 mai 1835	Jargeau (Loiret), par Orléans.	*idem.*	*idem.*	Jargeau , Sandillon , Château-Neuf, St-Denis-de-l'Hôtel et Bone.

Canal latéral à la Loire.

Le canal latéral à la Loire prend son origine vis-à-vis de Digoin, et se raccorde, à 5,000 m. de distance de cette ville, avec le canal du Centre. L'embranchement qui réunit ces deux lignes navigables traverse la Loire sur un pont-aqueduc, et a 9,000 m. de développement. A partir de son origine, le canal est tracé sur la rive gauche du fleuve. Il traverse l'Allier au moyen d'un grand pont-aqueduc, reçoit à peu de distance de ce passage, une branche du canal de Berry, traverse la Loire dans le lit même du fleuve, en amont de Briare, et va se joindre au canal de ce nom. Il parcourt les départemens de l'Allier, de la Nièvre, du Cher et du Loiret. Le déve-loppement total de cette voie navigable, en y comprenant le passage dans la Loire et l'embran-chement sur le canal du Centre, est de 198,000 m. ou de 49 lieues 1/2. La chute totale s'élève à 105 m. 40 c., et est rachetée par 45 écluses.

Le canal latéral à la Loire a été entrepris en vertu de la loi du 14 août 1822, qui a consacré à l'exécution des travaux un emprunt de 12,000,000.

Les fonds de cet emprunt ayant été insuffisans, il a été dépensé sur les fonds du trésor, jus-qu'au 31 décembre 1833, une somme de 7,253,527 fr. 85 c.

Il a été dépensé, en outre, sur les fonds créés par la loi du 27 juin 1833, une somme de 8,803,664 fr. 72 c.

Enfin, il a été dépensé 76,718 fr. sur les fonds du budget extraordinaire.

Allier, *affluent de la Loire.*

Cette rivière, qui prend sa source dans la forêt de Mercoire, passe dans la Lozère, où elle n'est ni navigable ni flottable.

Elle commence à être flottable en trains, près de *Saint-Arçons*, navigable à *Fontanes* près de Brioude (Haute-Loire), et elle se jette dans la Loire au Bec-d'Allier.

Cette rivière transporte des bois de construction et de marine qui descendent à Paris et à Nantes, des bois de chauffage et merrains, des charbons de terre et de bois. La navigation est incertaine et très coûteuse.

Les principales forêts qui alimentent l'Allier sont :

1° Les forêts royales appelées Marcenat, Giversat (arrondissement communal de Gannat); Leyde, Lecreux, Munay, Moladier, le prieuré de Souvigny, Grosbois, Bagnolet, Civrais (arrondissement de Moulins); Dreuille, Tronçais (arrondissement de Montluçon).

2° Les bois des hospices de Moulins et ceux des communaux de Trévol.

3° Les bois de particuliers de la Motte, de Beauregard, de Saint-Augustin, du Reray, de Chambord, de Neuvy et d'Apremont, et beaucoup d'autres petits bois peu éloignés de l'Allier.

Les houillères qui alimentent l'Allier sont :

1° Dans le département de la Haute-Loire, Marsanges, commune de Langeac; Grosménil, Grigues et la Taupe, commune de Sainte-Florine; les Barthes, commune de Vergongheon.

2° Dans le département de Puy-de-Dôme, Brassac, et Tops près de Brassac; Cellamines près d'Issoire.

3° Dans le département de l'Allier, Bertet-de-Montcombroux, près le Donjon; Commentry, près de Montluçon; Fins, près le Montet-aux-Moines; le Montet-aux-Moines, la Pierre-Percée; les Brauds et les Gobellières, près de Tronget; Noyant, près de Souvigny.

GARDES-PORT. — Allier, *affluent de la Loire.*

NOMS ET PRÉNOMS.	ANNÉE de la naissance.	DATES des NOMINATIONS.	RÉSIDENCES.	INSPEC-TION de	NOM du juré-compteur.	PORTS confiés à leur surveillance, ou circonscription de l'arrondissement de chacun d'eux.
MM.						
GIRBOUILLE (Claude).	1789	17 mai 1833	Vichy (Allier), par Cusset.	*Moulins.*	*Brunin.*	Marioll, Abret, Vichy, St-Yorre, Charmeille, Creuzier.
DAIN (Louis).	1781	30 avril 1810	Saint–Germain–les–Fossés (Allier), par Cusset.	*idem.*	*idem.*	St-Germain, St-Remy, Billy, Crechy.
BOY (Pierre).	1791	4 août 1831	Chazeuil (Allier), par Varennes-sur-Allier	*idem.*	*idem.*	Chazeuil, les Quirriaux, St-Loup, La Ferté-Auterive.
CHASSERIS (Jean).	1768	30 avril 1810	Monestay-sur-Allier (Allier).	*idem.*	*idem.*	La Chaize, Châtel-de-Neuve, le ruisseau de Sioule.

NOMS ET PRÉNOMS.	ANNÉE de la naissance.	DATES des NOMINATIONS.	RÉSIDENCES.	INSPEC-TION de	NOM du juré-compteur.	PORTS confiés à leur surveillance, ou circonscription de l'arrondissement de chacun d'eux.
MM.						
BEGUET (Louis).	1787	6 février 1815	Moulins (Allier).	*Moulins.*	*Brunin.*	Bessais, Moulius.
LAFAIT (Jean-Laurent).	1777	4 nov. 1806	Villars (Allier), par Moulins.	*idem.*	*idem.*	Villars.
BEAUFILS (Guillaume).	1771	22 août 1826	Bagneux (Allier), par Moulins.	*idem.*	*idem.*	Ray, les Herards, Roche, Bagneux.
BREILLAUD (Jean-Baptiste-Michel).	1797	16 mars 1830	Barreau (Allier), par Moulins.	*idem.*	*idem.*	Barreau, La Ferté-Chaudron , le Bouchet , l'île de la Mayole.
BERNARD (Marc).	1792	7 mai 1831	Veurdre (Allier), par St-Pierre-le-Moutier (Nièvre).	*idem.*	*idem.*	Le Veurdre , les Bouillards.
BERNARD (Pierre).	1802	31 octob. 1825	Château (Allier), par St-Pierre-le-Moutier (Nièvre).	*idem.*	*idem.*	Château-sur-Allier.
MARTIN (Jean).	1781	3 sept. 1819	Mornay – sur – Allier (Cher), par Saucoins.	*idem.*	*idem.*	Mornay-sur-Allier.
DURAND (Jean).	1782	15 avril 1825	Audes (Allier), par St-Pierre-le-Moutier (Nièvre).	*idem.*	*idem.*	Audes-sur-Allier.
TOUTAIN (Louis-Achille-Fortuné).	1785	7 avril 1827	Apremont (Cher), par Nevers (Nièvre).	*idem.*	*idem.*	Neuvy-le-Barois, Apremont , le Veuillin.
DUBOIS (François).	1818	20 nov. 1838	Bec-d'Allier (Cher), par Nevers (Nièvre).	*idem.*	*idem.*	Guétin et Bec-d'Allier.

Canal du Nivernais (*).

Le canal du Nivernais commence à Auxerre, et remonte la vallée de l'Yonne jusqu'à La Chaise ; il s'élève par la vallée de la Colancelle, jusqu'au plateau des Bruilles, traverse en cet endroit le seuil qui sépare les deux bassins, et descend ensuite vers la Loire, en suivant le ruisseau de Baye jusqu'à Mingot, près de Châtillon, et la vallée de l'Aron jusqu'à Decise. Il présente un développement total de 176,181 m., ou de 44 lieues, dont 52,425 m. dans le département de l'Yonne, et 124,396 m. dans celui de la Nièvre. Les écluses sont au nombre de 117, et rachètent une chute totale de 242 m. 50 c., savoir : 167 m. 57 c. sur le versant de l'Yonne et 74 m. 93 c. sur le versant de la Loire.

Le canal du Nivernais a été commencé en 1784, en vertu d'un arrêt du Conseil d'État ; les travaux suspendus en 1791 furent repris en 1807 et arrêtés de nouveau en 1813. Les dépenses faites jusqu'à cette époque s'élevaient à 5,500,000 fr. environ.

La loi du 14 août 1822 a consacré à son achèvement un fonds de 8 millions.

Le trésor a fourni en outre, jusqu'au 31 décembre 1833, une somme de 7,189,599 fr.

Il a été dépensé, en outre, sur les fonds créés par la loi du 27 juin 1833, une somme de 7,353,730 fr. 51 c.

Enfin on a dépensé sur les fonds de la loi du 12 juillet 1837, une somme de 572,267 fr. 15 centimes.

GARDES-PORT. — CANAL DU NIVERNAIS.

NOMS ET PRÉNOMS.	ANNÉE de la naissance.	DATES des NOMINATIONS.	RÉSIDENCES.	INSPECTION de	NOM du juré-compteur.	PORTS confiés à leur surveillance, ou circonscription de l'arrondissement de chacun d'eux.
MM.						
PILLAVOINE (François).	1791	13 nov. 1831	Champvert (Nièvre), par Decise.	*Nevers.*	»	Champvert, le Champ-des-Hayes.
MENARD (François)	1790	17 mai 1833	Cercy-Latour (Nièvre), par Decise.	*idem.*	»	Cercy-la-Tour.
GONNIN (Jean-Baptiste).	1813	21 mars 1837	Mazille (Nièvre), par Moulins-Engilbert.	*idem.*	»	Mazille, les Hattes-de-Scior, Chaumigny.

(*) L'établissement du canal du Nivernais a présenté, dans la vallée de l'Yonne, des problèmes difficiles à résoudre. La nécessité de ne pas porter atteinte aux habitudes du pays, et de concilier le flottage en trains avec la navigation qu'il s'agissait de créer, a exigé des dispositions particulières qui ont entraîné un grand excédant de dépenses.

NOMS ET PRÉNOMS.	ANNÉE de la naissance.	DATES des NOMINATIONS.	RÉSIDENCES.	INSPEC- TION de	NOM du juré-compteur.	PORTS confiés à leur surveillance, ou circonscription de l'arrondissement de chacun d'eux.
MM.						
GRANCHER fils (Pierre-François).	1814	24 mars 1837	Pannezeau (Nièvre), par Moulins-Engil- bert.	*Nevers.*	»	Pannezeau.
BARBE (Adolphe- Amédé).	1809	24 mars 1837	Châtillon - en - Bazois (Nièvre).	*idem.*	»	Châtillon-en-Bazois.
FOUCHARD (Jean- Louis).	1799	9 mai 1838	Baye (Nièvre), par Châtillon-en-Bazois.	*idem.*	»	Baye.

Canal de Bourgogne.

Ce canal a son embouchure dans la rivière d'Yonne, un peu au-dessus de la Roche, département de l'Yonne; il traverse les départemens de la Côte-d'Or et de l'Yonne.

Le canal de Bourgogne, destiné à rejoindre le bassin de la Seine avec celui du Rhône, traverse à Pouilly le faîte qui sépare les deux bassins.

Le bief culminant se compose de deux parties en tranchée et d'un souterrain qui a une longueur de 3,333 m.; du point culminant de Pouilly, le canal se dirige, d'une part, vers le nord, par les vallées de la Brenne et de l'Armançon, et de l'autre, vers le midi, en suivant les contours de la vallée d'Ouche. L'une de ses embouchures est à la Roche-sur-Yonne, l'autre à Saint-Jean-de-Losne, sur la Saône; son développement total est de 242,044 m., ou de 60 lieues 1/2 environ, dont 22 1/2 dans le département de l'Yonne et 38 dans le département de la Côte-d'Or. Les écluses sont au nombre de 191, et rachètent une chute totale de 499 m., savoir: 199 sur le versant de la Saône, et 300 sur le versant de l'Yonne; ce qui donne pour chaque écluse une chute moyenne de 2 m. 61 c.

Le canal de Bourgogne a été commencé en 1775 : les travaux, poussés d'abord avec assez d'activité, ont été entièrement suspendus en 1793. Repris en 1808, après quinze années d'interruption, les ouvrages furent continués avec diverses alternatives, jusqu'à l'année 1820. A cette époque, les sommes dépensées depuis l'origine des travaux s'élevaient à 15,663,464 fr.

Un emprunt de 25 millions a été affecté par la loi du 14 août 1822 à la continuation de ce grand travail.

Le trésor a fourni en outre, postérieurement à cette loi, jusqu'au 31 décembre 1833, une somme de 5,650,028 fr.

Enfin, il a été dépensé sur les fonds créés par la loi du 27 juin 1833, une somme de 7,351,624 fr. 27 c., et sur les fonds du budget extraordinaire (loi du 12 juillet 1837), une somme de 160,165 fr. 31 centimes.

GARDES-PORT. — CANAL DE BOURGOGNE.

NOMS ET PRÉNOMS.	ANNÉE de la naissance.	DATES des NOMINATIONS.	RÉSIDENCES.	INSPEC-TION de	NOM du juré-compteur.	PORTS confiés à leur surveillance, ou circonscription de l'arrondissement de chacun d'eux.
MM.						
BREUILLÉ (Pierre-Antoine).	1794	14 août 1832	Pont-Royal, par Semur (Côte-d'Or).	*Joigny.*	*Billaudot.*	Depuis l'écluse de Courcelles, en aval, jusqu'à l'écluse située au-dessus de la maison de Paille.
MICHAUT (Roch-Louis).	1805	17 juin 1836	Montbard (Côte-d'Or)	*idem.*	*idem.*	Depuis l'écluse n° 60, près de Courcelles, jusqu'à celle n° 68, qui se trouve entre St-Remy et Buffon.

NOMS ET PRÉNOMS.	ANNÉE de la naissance.	DATES des NOMINATIONS.	RÉSIDENCES.	INSPEC-TION de	NOM du juré-compteur.	PORTS confiés à leur surveillance, ou circonscription de l'arrondissement de chacun d'eux.
MM.						
TRIDON (René-Robin).	1792	25 mai 1829	Ravières (Yonne), par Ancy-le-Franc.	*Joigny.*	*Billaudot.*	Depuis et compris Ancy-le-Franc jusqu'à la limite du département de l'Yonne.
BESSONNAT (Louis-Nicolas).	1812	25 février 1836	Tanlay (Yonne), par Tonnerre.	*idem.*	*idem.*	Depuis l'écluse d'Arthes, territoire de la commune de St-Martin, jusqu'à l'écluse de Lezines inclus.
GUENOT (Vincent).	1800	27 février 1836	Tonnerre (Yonne).	*idem.*	*idem.*	De l'écluse d'Arthes à celle de Charrey, Tonnerre, Floguy.
CAZEAUX (Paul-Martin).	1790	30 juin 1822	St-Florentin (Yonne).	*idem.*	*idem.*	De l'écluse de Germigny au port de Crécy, ports de St-Florentin.
PETIT (Jacques).	1769	13 mai 1834	Aisy (Yonne), par Ancy-le-Franc.	*idem.*	*idem.*	Ports situés entre l'écluse n° 68 et l'écluse n° 71.
PRÉVOST (Félix-Théodore).	1796	23 mars 1837	Pont-d'Ouche (Yonne) par Bligny-sur-l'Ouche (Côte-d'Or)	*idem.*	*idem.*	Ports situés depuis la voûte de Pouilly jusqu'au pont de Pany.

Canal de Briare.

Ce canal est situé en entier dans le département du Loiret, et il établit, avec celui de Loing, une communication entre la Loire et la Seine.

Il a son embouchure dans la Loire à Briare, et il se jette, à Montargis, dans le canal de Loing. Des lettres patentes de septembre 1638, enregistrées le 15 avril 1639, autorisèrent l'ouverture de ce canal par les sieurs Bouterouc et Guyon, auxquels elles en firent concession à perpétuité. Ces lettres patentes et celles de 1642, année où le canal fut livré à la navigation, contiennent le tarif des droits à percevoir sur les bateaux qui parcourent ce canal.

Le point de partage est situé entre l'écluse dite de la Gazonne et celle de Rondeau.

Ce point à une longueur de.	2,821 m. 23 c.	(3/4)
Le versant de la Loire a une longueur de.	14,497 25	(3 l. 1/4)
Le versant de la Seine a une longueur de.	37,982 95	(8 l. 1/2)
Total du développement.	55,301 m. 43 c.	(12 l. 1/2)

Le premier de ces versans, dont la pente est de 38 m. 24 c., a 12 sas éclusés; le second, dont la pente est de 78 m. 46 c., en a 29. Leur largeur est de 4 m. 60 c., et leur longueur de 32 m.

On interrompt la navigation du 1er août au 1er novembre, pour exécuter les réparations dont le canal peut avoir besoin.

Le canal n'admet point de trains. Les toues qu'il porte ont moyennement 26 m. 50 c. de long; 4 m. 50 c. de large : elles tirent 0 m. 89 c. et chargent 100,000 kilog.

GARDES-PORT. — CANAL DE BRIARE.

NOMS ET PRÉNOMS.	ANNÉE de la naissance.	DATES des NOMINATIONS.	RÉSIDENCES.	INSPEC-TION de	NOM du juré-compteur.	PORTS confiés à leur surveillance, ou circonscription de l'arrondissement de chacun d'eux.
MM.						
GRANCHER (Fran-çois).	1788	29 janvier 1813	Ouzouer - sur- Trezée (Loiret).	Lorris.	Petit.	Ouzouer, les Fées, Petit-Châlois jusqu'au pont du Rondeau.
BOTTIN (Pierre-Vincent).	1783	20 mars 1837	Briare (Loiret).	idem.	idem.	Briare, Belleau, Cour-renveau.
THEVENY (Louis-Edmont).	1799	31 octob. 1825	Rogny (Yonne), par Châtillon-sur-Loing (Loiret).	idem.	idem.	Rondeau. Champ-des-Cordes, Lanone, port de Rogny pour le bois du Flot-de-Saint-Far-geau.

6

NOMS ET PRÉNOMS.	ANNÉE de la naissance.	DATES des NOMINATIONS.	RÉSIDENCES.	INSPEC-TION de	NOM du juré-compteur.	PORTS confiés à leur surveillance, ou circonscription de l'arrondissement de chacun d'eux.
MM.						
THEVENY (Isidore)	1797	31 octob. 1825	Rogny (Yonne), par Châtillon-sur-Loing (Loiret).	*Lorris.*	*Petit.*	Port de Rogny pour les bois neufs et charbons.
GRUET fils (Louis–Renault).	1816	21 avril 1838	Dammarie (Loiret), par Châtillon–sur–Loing.	*idem.*	*idem.*	Dammarie, Savinière, Moulin-Brûlé, clos à Plessy.
GODART (Charles–Martial).	1804	5 janvier 1829	Châtillon - sur - Loing (Loiret).	*idem.*	*idem.*	Châtillon, la Ronce, les Salles, Montcresson.
LAPLAIGNÉ (Louis–François).	1787	6 mars 1816	Montargis (Loiret).	*idem.*	*idem.*	Montargis, St-Roch, le Chenoy.

Canal d'Orléans.

M. le duc d'Orléans obtint en 1679 un édit, enregistré en 1680, pour l'ouverture de ce canal depuis la Loire jusqu'à la rivière de Loing, sur laquelle la navigation existait alors. On commença les travaux en 1682, et le canal fut terminé en 1692.

Le canal d'Orléans, situé en entier dans le département du Loiret, établit, au moyen de celui de Loing, qui en est le complément, une communication entre la Loire et la Seine. Il a son embouchure en Loire à Combleux, 1 lieue au-dessus d'Orléans, et il se jette à Buges dans le canal de Loing, après un développement de 73,304 m. 22 c. (16 l. 1/2).

Le point de partage est entre Combreux et Grignon.

La pente du canal du côté de la Loire est de 29 m. 86 c., rachetée par onze sas éclusés ; celle du côté de la Seine est de 40 m. 22 c., rachetée par 17 sas éclusés. Leur largeur est de 4 m. 60 c., et leur longueur est de 32 m. La profondeur d'eau est de 1 m. 50 c.

La longueur du bief de partage est de. . . . . 18,721 ^{m}. 63 ^{c}. (4 l. 1/4)

Celle du versant de la Loire est de. 26,852   68   (6 l. »)

Et celle du versant de la Seine de. 27,729   91   (6 l. 1/4)

Total. . . . . 73,304 ^{m}. 22 ^{c}. (16 l. 1/2)

La largeur du canal est de 8 à 10 m. à la superficie ; l'irrégularité des talus ne permet de déterminer aucune largeur précise pour le fond.

La navigation est interrompue du 1er août au 1er novembre.

Le canal d'Orléans porte des toues de 26 m. de long, 4 m. 50 c. de large, tirant 0 m. 89 c. et chargeant 100,000 kilogr., et des trains dits éclusées.

Il amène à Paris des bois de chauffage, de charpente, de sciage, de charronnage ; des charbons de bois et de terre ; des fagots et cotrets, etc., tant ceux qui sont façonnés dans le pays que ceux qui proviennent de la Loire et qui passent par ce canal pour descendre vers la Seine.

Le canal d'Orléans s'approvisionne sur la forêt d'Orléans et les bois de MM. marquis D'Orvilliers, marquis Dessoles, Pingot et autres propriétaires.

GARDES-PORT. — Canal d'Orléans.

NOMS ET PRÉNOMS.	ANNÉE de la naissance.	DATES des NOMINATIONS.	RÉSIDENCES.	INSPECTION de	NOM du juré-compteur	PORTS confiés à leur surveillance, ou circonscription de l'arrondissement de chacun d'eux
MM.						
1 MAUPATÉ (Jean-Louis).	1796	30 avril 1835	Fay-aux-Loges (Loiret), par Orléans.	*Lorris.*	*Bertheaume.*	Combleux, Pont-aux-Moines, Donery, Fay-aux-Loges, petit et grand Port.
3 DELAVEAU (Edme)	1786	3 juillet 1823	Vitry-aux-Loges (Loiret), par Château-Neuf-sur-Loire.	*idem.*	*idem.*	La Chenelière, Vitry-aux-Loges, Moulin-Rouge, Gué-Giraud, Port-à-Lambert.

NOMS ET PRÉNOMS.	ANNÉE de la naissance.	DATES des NOMINATIONS.	RÉSIDENCES.	INSPEC-TION de	NOM du juré-compteur.	PORTS confiés à leur surveillance, ou circonscription de l'arrondissement de chacun d'eux
MM.						
BRIÈRE (Hubert-Parfait).	1789	30 avril 1835	Combreux (Loiret), par Château-Neuf-sur-Loire.	*Lorris.*	*Bertheau-me.*	Four-à-Chaux , Grand-Port, Combreux.
MANDONNET (Léon).	1800	24 juin 1824	Sury-au-Bois (Loiret) par Château-Neuf-sur-Loire).	*idem*	*idem.*	Sury-au-Bois , Loiret , petit et grand Balar-din , levée du canal, Pont - Tournant , la Folie , four à chaux , pont des Begnets.
DELOUCHE (Pierre)	1801	24 juillet 1826	Grignon (Loiret), par Lorris.	*idem.*	*idem.*	Grignon, Châtenay , la Verrerie , Gué des Sens , Bois-de-Fossé, Reccande , Pont-Ga-né , Nom - Nouisle , Marmoulins , Chui-seau , Caudron , La Chaussée , Nom-Ma-zanne.
LEBERT (François).	1799	8 juillet 1826	Chailly , par Lorris (Loiret).	*idem.*	*idem.*	La Vallée, Rougemont, Chailly , Courbois , Fessard, Sainte-Cathe-rine, Pré-Foulon, Le-fort , Chancy , Pont-Lives, Courboin, Pont-Marsan ou Chevillon, La Folie, Leman

Canal de Loing.

Ce canal, qui coule dans les départemens du Loiret et de Seine-et-Marne, est la suite des canaux d'Orléans et de Briare ; il est alimenté par ces deux canaux et par la rivière de Loing.

Il commence à Montargis au pont de Loing, et il se jette dans la Seine à Saint-Mamès, après un développement de 52,934 m. (12 l.), dont 18,310 m. pour le département du Loiret, et 34,624 m. pour celui de Seine-et-Marne.

Les travaux commencés en 1720 furent terminés en 1724. Ce canal n'est latéral à la rivière que par parties ; des portions du cours du Loing, quelquefois très étendues, ont été disposées pour la navigation. On les appelle râcles. Le canal est réuni à la rivière à son embouchure dans la Seine. Toutes les marchandises qui passent sur les canaux d'Orléans et de Briare, traversent aussi le canal de Loing pour arriver à Paris ; il a de plus les bois de la forêt de Montargis.

L'époque du chômage annuel est du 1ᵉʳ août au 1ᵉʳ novembre.

La pente du canal de Loing, entre les deux points extrêmes, est de 41 m. 58 c., et est rachetée par 27 sas éclusés, d'une largeur de 4 m. 40 c., et d'une longueur de 60 m. La profondeur d'eau est de 1 m. 60 c. La largeur du canal, à la ligne d'eau, est de 12 à 16 m., et de 9 à 12 au fond.

Le canal commence au pont de Loing, à Montargis, sur sa rive gauche.

Les bateaux de charbon sont garés dans la râcle de Montargis.

C'est à Buges, 1 l. de Montargis, que le *canal d'Orléans* rejoint celui de Loing. Un peu plus loin s'embranche une portion de canal qui se dirige sur Puits-la-Laude.

Cette branche, qui a 600 m. (1/4 l.) de longueur, non compris le port d'embarquement, dont l'étendue est de 360 m., a été ouverte en 1759, sur la demande du commerce de bois, pour faciliter l'exploitation de la forêt de Montargis, qui s'étend à droite du S. au N., de Montargis à Montabon.

La forêt de Fontainebleau longe le canal à gauche, de Nemours à sa jonction à la Seine.

GARDES-PORT. — Canal de Loing.

NOMS ET PRÉNOMS.	ANNÉE de la naissance.	DATES de la NOMINATION.	RÉSIDENCES.	INSPEC-TION de	NOM du juré-compteur.	PORTS confiés à leur surveillance, ou circonscription de l'arrondissement de chacun d'eux.
MM.						
GUILLEMAIN (Pierre).	1790	31 juin 1814	Puits-la-Laude, commune de Crépoix (Loiret), par Montargis.	*Lorris.*	*Petit.*	Puits-la-Laude, Les Barres, Gué-de-Vaux.

NOMS ET PRÉNOMS.	ANNÉE de la naissance.	DATES de la NOMINATION.	RÉSIDENCES.	INSPEC- TION de	NOM du juré-compteur	PORTS confiés à leur surveillance, ou circonscription de l'arrondissement de chacun d'eux.
MM.						
FROT fils (Vincent).	1793	24 juin 1824	Dordives (Loiret), par Pont--de--Soupes (Seine-et-Marne).	*Lorris.*	*Petit.*	Dordives, Nancey, Pont-de-Souppes.
JOMAT (François-Gabriel).	1799	31 octob. 1825	Moncourt, par Ne-mours (Seine-et-Marne).	*Monte-reau.*	*Bertaux.*	Bagueux, Nemours, Moncourt, Episy.
LEZ (Jean-Étienne).	1778	20 nov. 1838	Moret (Seine-et-Marne).	*idem.*	*idem.*	Moret, Ravaunes, Ecuel-les, Saint-Mamès.

CHEFS DE PONT-CHABLEURS. — Haute-Seine.

NOMS ET PRÉNOMS.	DATES des NOMINATIONS.	RÉSIDENCES.	INDICATION DES PONTS.	INSPECTION de
MM.				
BESSE fils (Robert).	19 juillet 1834	Bray-sur-Seine (Seine-et-Marne).	*Pont de Bray.*	Montereau.
BADIN fils (Joseph-Armand)	20 octob. 1837	Montereau-Fault-Yonne (Seine-et-Marne).	*Ponts de Montereau.*	Idem.
FLEURY (Jean - Jacques-Edme).	23 avril 1837	Valvins(Seine-et-Marne), par Fontainebleau.	*Pont de Valvins,*	Idem.
HÉRITTE (Cécile-Louis).	24 octobr.1826	Melun (Seine–et-Marne).	*Pont de Melun.*	Idem.
LEPAIRE fils (Laurent).	20 août 1830	Corbeil (Seine-et-Oise).	*Pont de Corbeil.*	Idem.

CHEF DES PONTS A PARIS.

BUREAU PRINCIPAL, QUAI DE LA GRÈVE, CONTRE LE CORPS-DE-GARDE.

M. DUCOUDRAY, Chef, rue des Moulins, 19.

M. BERTRAND, Receveur du Chef des Ponts, quai de la Rapée, 65.

CHEFS DES PONTS ET PERTUIS , GARDES-PONT
ET ÉCLUSIER. — BASSE-SEINE.

Depuis et compris le pont de Sèvres jusqu'à Rouen.

NOMS ET PRÉNOMS.	DATES des NOMINATIONS.	EMPLOIS.	RÉSIDENCES.	INDICATION des PONTS ET PERTUIS.	INSPEC-TION de
MM.					
VENTECLAYE (Philippe).	27 juillet 1832	garde-pont	Sèvres (Seine-et-Oise).	Pont de Sèvres.	St –Germ. en–Laye.
GERMAIN (Jean-Martin).	18 mars 1828	chef de pont	Saint-Cloud (Seine-et-Oise).	— de St-Cloud.	idem.
BOURDON (Fran-çois).	11 avril 1831	garde-pont	Neuilly (Seine).	— de Neuilly.	idem.
GIRARD (Réné).	11 avril 1831	Idem.	Asnières, banlieue de Paris (Seine).	— d'Asnières.	idem.
HEURTEL (David-Philippe).	12 sept. 1836	chef de pont	Argenteuil (Seine-et-Oise).	— d'Argenteuil.	idem.
MOREL (Prosper).	11 avril 1831	garde-pont	Besons (Seine - et-Oise) par Argen-teuil.	— de Besons.	idem.
BORDE (François).	30 nov. 1828	chef de pertuis	Ibidem.	pertuis de la Morue.	idem.
BORDE (Louis-Alexandre).	24 sept. 1836	chef de pont	Chatou (Seine-et-Oise).	pont de Chatou.	idem.
MOREL aîné.	»	employés et sa-lariés par l'ad-ministration du chemin de fer de Paris à St-Germain.	Croissy (Seine - et-Oise) par Chatou.	— de Croissy.	idem.
FOURNAISE (Jean-Louis).	»				

NOMS ET PRÉNOMS.	DATES de la NOMINATION.	EMPLOIS.	RÉSIDENCES.	INDICATION des PONTS ET PERTUIS.	INSPECTION de
MM.					
BORDE fils (Pierre-François).	10 mars 1834	chef de pont	Le Pecq (Seine - et-Oise) par St-Ger.-en-Laye.	Pont du Pecq.	St-Germ. en-Laye.
DELAPLACE (Jasmin-l'Espérance).	3 juin 1837	Idem.	Sartrouville (Seine-et-Oise).	— de Maisons.	idem.
MALOT.	8 déc. 1837	garde-pont	Conflans (Seine-et-Oise) par St-Ger.-en-Laye.	— de Conflans.	idem.
BORDE (Étienne).	11 nov. 1822	chef de pont	Poissy (Seine - et-Oise).	— de Poissy.	idem.
LOYER (Amand).	12 mars 1827	Idem	Meulan (Seine - et-Oise).	— de Meulan.	idem.
BORDE (Hugues-Pierre-Amand).	15 février 1832	Idem	Mantes (Seine - et-Oise).	— de Mantes.	idem.
LOYER fils (Jean-Baptiste).	15 déc. 1837	Idem	Vernon (Eure).	— de Vernon.	idem.
GOUJON (Nicolas).	30 juin 1822	chef de pertuis	Port-Mort(Eure)par Vernon.	Pertuis des Gourdaines.	idem.
PERROT (Louis-Baptiste).	20 octob. 1828	Idem	Poses (Eure), par Pont-de-l'Arche.	— de Poses.	idem.
GONNARD (Pierre-André).	21 nov. 1822	garde de l'é-cluse.	Pont - de - l'Arche (Eure).	Pont de l'Arche.	idem.
FAUPOINT (Jacques-Salmon).	15 février 1821	chef de pertuis	Martot (Eure), par le Pont-de-l'Arche.	Pertuis de Martot.	Rouen.

7

CHEFS DE PONT. — Oise, *affluent de la Seine.*

NOMS ET PRÉNOMS.	DATES des NOMINATIONS.	EMPLOIS.	RÉSIDENCES.	INDICATION DES PONTS.	INSPEC-TION de
MM.					
OUARNIER (Nicolas-Étienne).	25 nov. 1811	chef de pont.	Compiègne (Oise).	Pont de Compiègne.	Compiègne.
MAURICE (Réné-Barthelemy).	13 déc. 1823	idem	Pont–Ste–Maxence (Oise).	— de Ste-Maxence.	idem.
HEMONT (Louis-Pierre).	17 juillet 1830	idem	Creil (Oise).	— de Creil.	idem.
PERVILLÉ (Louis-Auguste).	26 nov. 1829	idem	Beaumont (Seine-et-Oise).	— de Beaumont.	idem.
DORTU (Louis-Auguste).	11 nov. 1807	idem	L'Ile-Adam (Seine-et-Oise), par Beaumont-sur-Oise.	— de l'Ile-Adam.	idem.
BORDE (Antoine-Étienne – Félix – Amand).	26 octob. 1829	idem	Pontoise (Seine-et-Oise).	— de Pontoise.	idem.

CHEFS ÉCLUSIERS. — Rivière canalisée de l'Oise.

NOMS ET PRÉNOMS.	DATES des NOMINATIONS.	EMPLOIS.	RÉSIDENCES.	INDICATION DES ÉCLUSES.	INSPECTION de
MM.					
HERVIN (Isidore-Pierre).	11 fév. 1836	éclusier.	Sarron (Aisne), par Pont-Ste-Maxence.	écluse de Sarron. idem.	Compiègne.
VANCLEF (Jean-Baptiste).	11 mars 1834	idem.	Creil (Oise).	idem de Creil.	idem.
THENADEY (Noël-Joseph).	11 mars 1834	idem.	Royaumont (Seine-et-Oise), par Luzarches.	id. de Royaumont.	idem.
PILLEUX (François).	11 mars 1834	idem.	L'Ile-Adam (Seine-et-Oise), par Beaumont-sur-Oise.	id. de l'Ile-Adam.	idem.
CARBON (Frédéric-Gérasime).	10 février 1836	idem.	Pontoise (Seine-et-Oise).	id. de Pontoise.	idem.

CHEFS ÉCLUSIERS. — Canal latéral de l'Oise.

DOURDEVIE fils (Jean-Baptiste).	4 avril 1834	éclusier.	Bethencourt (Oise), par Liancourt.	écluse de Bethencourt.	Compiègne.
MORELLE (Benjamin).	8 mai 1833	idem.	Janville (Oise), par Compiègne.	écluse de Janville.	idem.

CHEF DE PONT. — Aisne, affluent de l'Oise.

RADDE (Louis-Benoist).	16 mai 1836	chef de pont.	Soissons (Aisne).	Pont de Soissons.	Compiègne.

GARDES-RIVIÈRE. — HAUTE-SEINE.

NOM ET PRÉNOMS.	DATES des NOMINATIONS.	RÉSIDENCES.	INSPECTION de
MM.			
MARCHAND (Augustin).	1er nov. 1808	Troyes (Aube).	Troyes.
PICARLE (Joachim).	1er nov. 1808	Bar-sur-Seine (Aube).	idem.

GARDES-RIVIERE. — SEINE.

ROYER (André).	21 mai 1817	Saron-sur-Aube (Marne), par Pont-le-Roi (Aube).	Troyes.
GOBINOT (Edme-Antoine).	21 mars 1822	Marcilly – sur – Seine (Marne), par Pont-le-Roi (Aube).	idem.

ÉCLUSIERS. — AUBE, affluent de la Seine.

NOMS ET PRÉNOMS.	DATES de la NOMINATION.	EMPLOIS.	RÉSIDENCES.	INDICATION DES ÉCLUSES.	INSPECTION de
MM.					
COLLIN (Pierre).	26 janv. 1813	éclusier.	Plancy (sur Aube), par Mery-s.-Seine.	écluse de Plancy.	Troyes.
CHAPELLE fils.	22 février 1835	idem.	Anglure (Marne), par P.-le-Roi (Aube).	écluse d'Anglure.	idem.

Armance, *affluent de l'Armançon.*

L'Armance prend sa source au dessus de Chaource (Aube), au hameau de Montigny, commune de la Jesse. C'est à Chaource qu'elle commence à être flottable à bûches perdues.

Elle sert à l'exploitation des forêts d'Othe, des Malgouvernes, de Vaupiotte, de Bernon, d'Aumont, de Rumilly, de Chaource, de Cussangy, Praslain, Boisgérard, Saint-Michel et des environs d'Ervy.

GARDES-RIVIÈRE. — Armance, *affluent de l'Armançon.*

NOMS ET PRÉNOMS.	DATES des NOMINATIONS.	RÉSIDENCES.	INSPEC-TION de
MM.			
JACQUEMIER (Sébastien).	10 sep. 1817	*Percey (Yonne), par Flogny.*	*Troyes.*
PIROUELE (Edme-Florentin).	Idem.	*Germigny (Yonne), par Saint-Florentin.*	*idem.*

GARDE GÉNÉRAL. — Ourcq.

GANDOLPHE (Louis-Joseph-Stanislas).	22 avril 1825	*Lisy-sur-Ourcq (Seine-et-Marne).*	*Château-Thierry.*

AGENTS ET EMPLOYÉS

ATTACHÉS A LA COMPAGNIE DU COMMERCE DE BOIS DE CHAUFFAGE
EN CHANTIERS A PARIS.

Bureau central.
Quai de Béthune, 8 (île Saint-Louis).

NOMS ET PRÉNOMS.	DATES des NOMINATIONS.	EMPLOIS.	RÉSIDENCES.	ARRONDISSEMENTS.
MM. ROUSSELIN (Henri)	adjt. le 6 avril 1823. agt. gl. le 23 mars 1828.	agent général.	Quai de Béthune, 8.	
ROUSSEAU (Claude-Pierre).	1er janvier 1814	(voir page 86).	Quai Napoléon, 7.	
FOUZÈS (François).	1er juillet 1838	commis aux recettes.	Quai de Béthune, 16.	
THIBAUT aîné (Luc-Alexandre).	1er avril 1819	toiseur du commerce.	Rue du Faubourg-du-Roule, 12.	Arrondissements St-Honoré et St-Germain.
MAINÉ (Louis-François).	1er avril 1819	idem.	Quai de la Tournelle, 25.	Arrondissement St-Bernard.
LEDONNÉ (Adolphe-Alexandre).	1er décem. 1837	idem.	Rue N.-St.-Paul, 6.	Canal Saint-Martin.
THIBAUT jeune (Luc - Marie - Alphonse).	1er mars 1838	idem.	Rue du Petit-Musc, 4.	Arrondissement St-Antoine.
TAMANT ✶ (Auguste).	1er avril 1826	garde général préposé à la conservation des bois de repêchage.	Rue et île St-Louis, 96.	Paris et la Banlieue du bas.
MANSEY (Pierre-Sébastien).	18 mars 1828	garde-rivière, préposé à la surveillance des ports de tirage.	Rue Amelot, 8.	Ports de l'arrondissement St-Antoine.
PERRIN (Claude-Antoine).	11 avril 1831	idem.	Rue du Grand-Prieuré, 10.	idem.
THIBAULT dit LUC (Nicolas).	1er avril 1839	idem.	Place St-Antoine, 109	idem.

NOMS ET PRÉNOMS.	DATES des NOMINATIONS.	EMPLOIS.	RÉSIDENCES.	ARRONDISSEMENTS.
MM.				
ROGER (Léonard).	18 avril 1807	garde-rivière préposé à la surveillance des ports de tirage.	Rue Bretonvilliers, 10.	Ports de l'arrondissement St.-Bernard.
SERGENT (Claude-Lazare).	19 juillet 1824	idem.	Rue Poultier, 8.	idem.
DELAPORTE (Joseph).	26 sept. 1833	idem.	Rue de Grenelle-St-Germain, 117.	Ports de l'arrondissement St.-Germain.
GOURLOT (Théophile).	22 février 1838	idem.	Rue de Sèvres, 145.	idem.
DACHEUX (Joseph).	9 avril 1827	idem.	Rue des Boucheries-Saint-Germain, 11.	Ports de l'arrondissement Saint-Honoré.
SERMAISSE (Jacques-Antoine).	9 juillet 1817	idem.	Rue de Courty, 8.	idem.

Service extérieur.

NOMS ET PRÉNOMS.	ANNÉE de la naissance.	DATES des NOMINATIONS.	EMPLOIS.	RÉSIDENCES.
MM.				
BERTHIER (Étienne-Antoine).	1790	1er août 1825	commis général.	Quai de la Gare, 20, commune d'Ivry.
BERTHIER (Félix-Étienne).	1815	1er avril 1837	commis général adj.	Choisy-le-Roi (Seine).
BÉRANGER (Jean-Pierre).	1810	1er avril 1838	préposé au contrôle des trains à la Gare.	Quai de la Gare, 20, commune d'Ivry.
BAZIN (Jean-Étienne).	1792	5 avril 1839	garde général préposé à la surveillance des bois dans les gares.	Quai de la Gare, commune d'Ivry.
MARIÉ (Pierre-Lazare-Henri).	1805	1er mars 1838	préposé aux déclarations de l'octroi.	Quai de la Rapée, 63.

DIVISION DU COMMIS GÉNÉRAL,

A LA RÉSIDENCE DE COULANGE-SUR-YONNE.

NOMS ET PRÉNOMS.	ANNÉE de la naissance.	DATES des NOMINATIONS.	EMPLOIS.	RÉSIDENCES.	INSPEC-TION de	ARRONDISSE-MENTS.
MM. PETIT (Jean-Jacques-Hubert).		adjoint, le 18 mars 1825 commis génér. le 28 août 1836	Commis géné-ral.	Coulange-sur-Yonne(Yonne).	Clamecy.	La Cure, l'Yonne jusqu'à Bassou exclus.
BOIZANTÉ (Sulpice).	1804	13 février 1828	Commis garde-riviè-re chargé d'assu-rer le passage des trains et des dé-tails relatifs à ce service.	Mailly-le-Châ-teau, par Coulange-sur-Yonne (Yonne).	idem.	Depuis Terre-Rouge jusqu'au pertuis du Bou-chet.
GERBEAUX (Oné-zime).	1815	29 décem. 1838	idem.	Mailly-la-Ville (Yonne), par Arcy-sur-Cure.	idem.	Depuis le Bouchet jusqu'au pertuis de Crisenon.
MAILLAU (Pierre-Philippe).	1787	5 mars 1821	idem.	Cravant (Yon-ne), par Ver-manton.	idem.	Depuis le pertuis de Crisenon jus-qu'à Vincelles.
MARIÉ (François).	1798	13 février 1828	idem.	La Cour-Bar-rée (Yonne), par Coulange-la-Vineuse.	idem.	Depuis Vincelles jusqu'à Veaux.
BONNEAU (Alexis).	1804	23 juillet 1831	idem.	Auxerre (Yon-ne).	Clamecy et Joigny.	Depuis Veaux jus-qu'aux Dumonts.
GUINIER (Edme).	1781	12 juin 1829	idem.	L'Étau par Au-xerre (Yon-ne).	Joigny.	Depuis les Du-monts jusqu'à Gurgy.
BOURBON (Etienne-Vincent).	1807	4 mars 1835	idem.	Regennes (Yonne), par Bassou.	idem.	Depuis Gurgy jus-qu'à Flétrive in-clus.
JOACHIM (Edme).	1802	20 février 1836	Garde-rivière, am-bulant, chargé de la conduite des eaux, de la direc-tion de trains et du repêchage des bois.	Clamecy (Niè-vre).	Clamecy.	D'armes à Coulan-ges-sur-Yonne.

NOMS ET PRÉNOMS.	ANNÉE de la naissance.	DATES des NOMINATIONS.	EMPLOIS.	RÉSIDENCES.	INSPECTION de	ARRONDISSEMENTS.
MM.						
LORIN (Jean).	1778	19 juillet 1824	Garde - rivière ambulant, chargé de la conduite des eaux, de la direction des trains et du repêchage des bois.	Clamecy (Nièvre).	*Clamecy.*	D'Armes à Coulange-sur-Yonne.
CONVERT (Jacques)	1796	25 avril 1834	idem.	Coulange-sur-Yonne (Yonne).	*idem.*	De Coulange-sur-Yonne en aval.
SIRMAIN (François)	1785	24 mars 1816	idem.	idem.	*idem.*	idem.
TISSIER (Jean).	1791	25 avril 1834	idem.	Châtel-Censoy (Yonne), par Coulange-sur-Yonne.	*idem.*	De Châtel-Censoy en aval.
MOMON (Edme).	1778	14 décem. 1810	idem.	Accolay (Yonne), par Vermanton.	*idem.*	D'Arcy - sur-Cure en aval.
LORIN (Edme).	1804	6 août 1828	idem.	Vaux, par Auxerre (Yonne).	*idem.*	De Vaux à Auxerre.
BONNEAU (Étienne).	1780	2 avril 1822	idem.	Auxerre (Yonne).	*Joigny.*	D'Auxerre à Monéteau.
BONNEAU (François).	1802	12 avril 1827	idem.	Monéteau (Yonne), par Auxerre.	*idem.*	De Monéteau à Bassou.
MORILLON (Jean-Baptiste).	1804	8 mars 1831	Garde-rivière sédentaire, chargé de la surveillance des marchandises et de la police des ouvriers.	Armes, par Clamecy (Nièvre).	*Clamecy.*	Ports d'Armes à Clamecy.
EZIÈRE (Pierre).	1775	3 prairial an 11	idem.	Clamecy (Nièvre).	*idem.*	Ports de Clemecy et de la Forêt.
BARD - VAUCELLE (Jacques-Louis).	1784	8 mars 1831	idem.	Surgy (Nièvre), par Clamecy.	*idem.*	Du port de Saint-Bonnet à Coulange.

8

NOMS ET PRÉNOMS.	ANNÉE de la naissance.	DATES des NOMINATIONS.	EMPLOIS.	RÉSIDENCES.	INSPECTION de	ARRONDISSE-MENTS.
MM.						
GOUDARD (Jacques).	1784	8 mars 1831	Garde-rivière sédentaire, chargé de la surveillance des marchandises et de la police des ouvriers.	Coulange-sur-Yonne (Yonne).	*Clamecy.*	Ports de Coulange et Crain.
LECLERC (François).	1771	24 mai 1816	idem.	Lucy (Yonne), par Coulange-sur-Yonne.	*idem.*	Du pertuis de Crain au gué St-Martin.
MOMON (François).	1773	30 avril 1810	idem.	Vermanton (Yonne).	*idem.*	Ports de Vermanton.
JOUBLIN (Pélerin).	1784	2 mai 1836	Garde-rivière préposé à la surveillance de l'emport des faix.	Arcy-sur-Cure (Yonne).	*idem.*	Ports d'Arcy à Lacroix St.-Edme.
SAUTEREAU (Antoine).	1796	14 mai 1831	idem.	Bessy (Yonne), par Arcy-sur-Cure.	*idem.*	Ports de Bessy et Reigny.

DIVISION DU COMMIS-GÉNÉRAL,

A LA RÉSIDENCE DE JOIGNY (YONNE).

NOMS ET PRÉNOMS.	ANNÉE de la naissance.	DATES des NOMINATIONS.	EMPLOIS.	RÉSIDENCES	INSPEC-TION de	ARRONDISSE-MENTS.
MM. PIOCHARD (Hippolyte-François).	......	adjoint, le 23 pluv. an 5, commis-génér. 24 mars 1807	Commis-général.	Joigny (Yonne).	*Joigny.*	L'Yonne et ses affluens de Bassou à Montereau Fault-Yonne.
DELAHAYE (Jean-Baptiste-Louis).	1792	21 févr. 1831	Commis garde-rivière, chargé d'assurer le passage des trains et des détails relatifs à ce service.	Bassou (Yonne).	*idem.*	Depuis Flétrive jusqu'au port des Fontaines exclusivement.
LEJEUNE (Claude-Cyrile).	1798	2 mars 1837	idem.	La Roche (Yonne), par Joigny.	*idem.*	Depuis le port des Fontaines jusqu'à la Perrière.
CHICANDARD (Jean-Louis).	1774	24 juillet 1837	idem.	Joigny (Yonne).	*idem.*	Depuis la Perrière jusqu'à Épizy.
MORON (François).	1782	27 avril 1807	idem.	Cezy (Yonne), par Joigny.	*idem.*	Depuis Épizy jusqu'à la Bouvière.
BENOIST père (Anufe).	1770	3 mai 1811	idem.	Armeau (Yonne), par Villeneuve-le-Roi.	*idem.*	Depuis la Bouvière jusqu'à la Queue de l'Ile-Adam.
BENOIST fils (Anufe-Étienne).	1800	8 avril 1837	id. adjoint.	ibidem.	*idem.*	idem.
LANGLOIS (Claude).	1777	7 avril 1808	idem.	Villeneuve-le-Roi (Yonne).	*idem.*	Depuis Armeau jusqu'à Étigny.

NOMS ET PRÉNOMS.	ANNÉE de la naissance.	DATES des NOMINATIONS.	EMPLOIS.	RÉSIDENCES.	INSPEC-TION de	ARRONDISSE-MENTS.
MM.						
KLEY (Louis).	1788	25 mars 1814	Commis garde-rivière, chargé d'assurer le passage des trains et des détails relatifs à ce service.	Sens (Yonne).	*Joigny.*	Depuis Étigny jusqu'à Villenavotte.
GONNET (Charles-Severin).	1788	27 juin 1814	idem.	Pont-sur-Yonne (Yonne).	*idem.*	Depuis Villenavotte jusqu'à Serbonnes.
SOUSSIGNAN (Auguste).	1779	30 nivôse an 13	idem.	Port – Renard (Yonne).	*idem.*	Depuis Serbonnes qu'à la Chapelotte.
BERTHIER aîné (Pierre-Thibaut).	1787	18 mars 1828	idem.	Mizy(Seine-et-Marne, par Villeneuve-la – Guyard (Yonne).	*idem.*	Depuis la Chapelotte jusqu'à l'île de Rochecu.
BADIN (Antonin-Armand).	1773	25 mars 1812	idem.	Montereau–Fault - Yonne (Seine-et-Marne).	*idem.*	Depuis l'île de Rochecu jusqu'à Tavers-sur-Seine.
BADIN fils (Joseph-Armand).	1813	18 janv. 1834	id. adjoint.	Ibidem.	*idem.*	Idem.
GOUSSERY (Étienne).	1798	9 mai 1832	Garde-rivière ambulant, chargé de la conduite des eaux, de la direction des trains et du repêchage des bois.	Joigny (Yonne).	*idem.*	De Bassou à Villeneuve-le-Roi-sur-Yonne.
KLEY fils (Amand).	1799	13 fév. 1828	idem.	Sens (Yonne).	*idem.*	De Villeneuve-le-Roi-sur-Yonne à Pont-sur-Yonne.
BERTHIER (Hippolyte).	1802	6 juillet 1827	idem.	Villeneuve-la-Guyard (Yonne).	*idem.*	De Pont-sur-Yonne à Montereau Fault-Yonne.

DIVISION DE LA SEINE.

NOMS ET PRÉNOMS.	ANNÉE de la naissance.	DATES des NOMINATIONS.	EMPLOIS.	RÉSIDENCES.	INSPEC-TION de	ARRONDISSE-MENTS.
MM.						
GAUDÉ (Pierre).	1799	12 avril 1827	Commis garde-rivière, chargé d'assurer le passage des trains et des détails relatifs à ce service.	Valvins (Seine-et-Marne), par Fontainebleau.	*Monte-reau.*	DepuisTaversjusqu'au Port-a l'Anguille.
BARBIER (Pierre).	1773	29 avril 1818	idem.	Samois (Seine-et-Marne), par Fontainebleau.	*idem.*	Depuis le Port-a l'Anguille jusqu'à la Cave inclusivement.
DAUVÉ (Jean-Nicolas).	1795	22 février 1839	idem.	Melun (Seine-et-Marne).	*idem.*	Depuis la Cave exclusivementjusqu'au bas de Ponthierry.
HUMBLOT (Charles-Just).	1800	30 mars 1838	Préposé au numérotage des trains.	Fourneaux commune du Mée , près Melun (Seine-et-Marne).	*idem.*	»
GLAUDEN (Louis-Raphaël).	1796	5 avril 1819	Garde-rivière ambulant, préposé à la conservation des trains.	Boissette (Seine-et-Marne), par Melun.	*idem.*	De Montereau au Port-a-l'Anglais.
LEJEUNE (Julien).	1782	20 avril 1808	Commis garde-rivière, chargé d'assurer le passage des trains et des détails relatifs à ce service.	Corbeil(Seine-et-Oise).	*idem.*	Depuis Ponthierry jusqu'à Châtillon.
BERTHIER fils (Félix-Étienne).	1815	8 avril 1837	idem.	Choisy-le-Roi (Seine).	*idem.*	Depuis Châtillon jusqu'au Port-a-l'Anglais.
MICHEL (Auguste).	1803	29 décem. 1838	idem.	Port-a-l'Anglais(Seine), par Ivry-s.-Seine.	*idem.*	De Villeneuve St-Georges au Port-a-l'Anglais,etsur la *Basse-Seine* en aval de Paris jusqu'aux îles St-Denis.

DIVISION DE LA HAUTE-SEINE.

NOMS ET PRÉNOMS.	ANNÉE de la naissance.	DATES des NOMINATIONS.	EMPLOIS.	RÉSIDENCES.	INSPECTION de	ARRONDISSE-MENTS.
MM.						
LENOIR (Edme-Hyacinthe).	1808	27 avril 1837	Commis garde-rivière, chargé d'assurer le passage des trains et des détails relatifs à ce service	Marnay-sur-Seine (Aube).	*Troyes.*	Dans l'étendue de l'arrondissement de Marnay.
TRUDON (Jean-Benoît-Noël).	1787	26 décem. 1827	idem.	Nogent-sur-Seine (Aube).	*idem.*	Dans l'étendue de l'arrondissement de Nogent.
BESSE (Robert).	1810	13 juin 1836	idem.	Bray-sur-Seine (Seine-et-Marne).	*idem.*	Dans l'étendue de l'arrondissement de Bray
QUINAULT (Jean-Louis).	1787	2 mai 1836	idem.	La Tombe (Seine-et-Marne), par Bray-sur-Seine.	*idem.*	Dans l'étendue de l'arrondissement de la Tombe.

DIVISION DE LA MARNE.

NOMS ET PRÉNOMS.	ANNÉE de la naissance.	DATES des NOMINATIONS.	EMPLOIS.	RÉSIDENCES.	INSPECTION de	ARRONDISSE-MENTS.
LE MARÉCHAL (Frédéric Gabriel).	1794	10 janvier 1833	Garde-rivière ambulant, préposé à la conservation des bois de chauffage.	Lagny (Seine-et-Marne).	*Château-Thierry.*	De Meaux à Charenton.
MICHEL (Auguste).	1803	29 décem. 1838	idem.	Port-a-l'Anglais (Seine), par Ivry-s.-Seine.	*idem.*	Depuis Gournay jusqu'à Charenton.

AGENTS ET EMPLOYÉS

ATTACHÉS A LA COMPAGNIE DU COMMERCE DE BOIS DE L'ILE LOUVIERS, A PARIS.

MM. VIEL, Agent-Caissier, quai Bourbon, 21.
JAME, Commis-principal–Contrôleur, rue Saint-Paul, 22.
DÉTAILLE, Commissaire-Inspecteur, rue du Figuier.

AGENTS ET EMPLOYÉS

ATTACHÉS A LA COMPAGNIE DU COMMERCE DE CHARBON DE BOIS ARRIVANT AUX PORTS, A PARIS.

Bureau central,
Quai Bourbon, 21 (île Saint-Louis).

NOMS ET PRÉNOMS.	DATES des NOMINATIONS.	EMPLOIS.	RÉSIDENCES.
MM.			
VIEL (Jean-Baptiste).	11 janvier 1823	Agent général.	Quai Bourbon, 21.
GAYOT (Barthélemy).	1er mai 1806	Inspecteur à la vente.	Rue des Écouffes, 5.

Gardes-bateaux.

MM. MENUISIER (Louis), quai Bourbon, 19.
DESCOURTY (Paul), à Choisy-le-Roy (Seine).

Agents à la vente.

Mme LABOURET, rue Femme-sans-Tête, 6.
MM. BERTRAND, place Dauphine, 24.
BÉNARD, rue de l'Abbaye, 4.
MICHEL (A.), rue Saintonge, 19.

Nota. Il existe, en outre, douze commis régleurs et sept contrôleurs répartis dans les différents ports, dirigeant un nombre de garçons de pelle, mesureurs, variable suivant les besoins du service.

AGENTS ET EMPLOYÉS

ATTACHÉS A LA COMPAGNIE DU COMMERCE DE BOIS CARRÉS, CHARPENTE, SCIAGE ET CHARRONNAGE, A PARIS.

Bureau central,
Quai de la Rapée, 45.

NOMS ET PRÉNOMS.	ANNÉE de la naissance.	DATES des NOMINATIONS.	EMPLOIS.	RÉSIDENCES.	INSPEC-TION de	ARRONDISSE-MENTS.
MM.						
LAURENT ✳ (Charles-Louis).	»	7 sept. 1822	Agent-général.	Quai de la Rapée, 45.	»	»
CHAMBRON (Martin-Adolphe).	1803	13 février 1831	Garde pour la repêche des bois dans le département de la Seine.	Quai de la Rapée, 57.	»	»
FERRAND (Guillaume).	1785	20 avril 1823	Commis préposé à la surveillance des trains.	Aux Carrières-Charenton (Seine), par Charenton-le-Pont.	»	»
MARIÉ (Martin).	1810	24 juin 1838	Commis préposé adjoint à la surveillance des trains.	ibidem.	»	»
HAYER (Nicolas).	1796	16 août 1834	Garde-rivière préposé à la repêche des bois.	Moelain (H.-Marne), par St-Dizier.	*Troyes et Chalons-sur-Marne.*	Aube, depuis Brienne jusqu'à Marcilly-sur-Seine, et sur la Marne depuis Saint-Dizier jusqu'à Chalons.
BARBIER (Henry).	1806	8 nov. 1834	idem.	Bignicourt-sur-Saulx (Marne), par Vitry-le-Français.	*Chalons-s-Marne.*	Saulx.
LE MARÉCHAL ✳ (Frédéric-Gabriel).	1790	10 février 1833	Garde-rivière ambulant	Lagny (Seine-et-Marne).	*Château-Thierry.*	De Meaux à Charenton

AGENTS ET EMPLOYÉS

ATTACHÉS A LA COMPAGNIE DU COMMERCE DE BOIS DE LA HAUTE-YONNE,
A CLAMECY (NIÈVRE).

Bureau central,
à Clamecy.

NOMS ET PRÉNOMS.	ANNÉE de la naissance.	DATES des NOMINATIONS.	EMPLOIS.	RÉSIDENCES.	INSPECTION de	ARRONDISSEMENTS.
MM.						
CROCHET (Jean-Joseph-Bernard).	»	adj. 28 juin 1829 ag'. gl., 25 avril 1831.	Agent-général.	Clamecy (Nièvre).	Clamecy.	»
LÉTOUFFÉ (Léonard).	»	2 mars 1822	Commis.	ibidem.	idem.	»
SURUGUE (Lazare).	»	1er sept. 1831	idem.	ibidem.	idem.	»
CHARON (Edme).	»	30 sept. 1827	Directeur des ports.	ibidem.	idem.	Ports d'Armes à la Forêt.
SURUGUE (Edme).	»	7 mars 1810	idem.	Coulange-sur-Yonne (Yonne).	idem.	— de la Forêt à Lucy.
GOUDARD (Antoine).	»	30 sept. 1827	Sous-directeur des ports.	Crain, par Coulange (Yonne).	idem.	— de Coulange à Lucy.
BILLAULT (Edme).	»	26 juillet 1816	Garde-particulier.	Clamecy (Nièvre).	idem.	Ports d'Armes à la Forêt.
CROCHET (Edme-Joseph).	»	16 mai 1832	idem.	Pousseaux (Nièvre), par Clamecy.	idem.	— de la Forêt à Coulange.

9

Suite des Agents et Employés attachés à la compagnie du commerce de bois de la Haute-Yonne, à Clamecy.

Division du Haut.

NOMS ET PRÉNOMS.	ANNÉE de la naissance.	DATES des NOMINATIONS.	EMPLOIS.	RÉSIDENCES.	INSPEC-TION de	ARRONDISSE-MENTS.
MM.						
BALANDREAU (Jacques-Léonard).	1780	5 avril 1815	Garde-général.	Château-Chinon (Nièvre).	Clamecy.	L'Yonne et tous ses affluens depuis ses sources jusques et non compris le ruisseau de la Colancelle (Picampois).
GUENARD (Jean-François).	1803	30 sept. 1827	Garde-particulier.	Aux Jouets, par Château-Chinon (Nièvre).	idem.	Des sources de l'Yonne jusqu'à Pontcharreau compris tous les affluens à ce point.
DUVERNOY (Louis).	1762	9 mars 1807	idem.	Châtelet, par Château-Chinon (Nièvre).	idem.	Ruisseau de Touron.
DUVERNOY (Jean).	»	15 juin 1838	idem.			
LÉGER (Philippe).	1793	30 sept. 1827	idem.	Château-Chinon (Nièvre).	idem.	L'Yonne, de Pont-Charreau à la Planche de Vouas, ruisseau de Touron.
GERMENOT (Jean).	»	18 juin 1827	idem.	L'Huiprunelle, commune de Planchez par Château-Chinon (Nièvre)	idem.	Oussière et ses affluens.
GALLOIS (Blaize).	»	16 mai 1832	idem.	Chômard, par Château-Chinon (Nièvre)	idem.	Le bas d'Oussière.—Ruisseaux d'Ansin et Ménage.—L'Yonne, de la Planche des Vouas à la Roche du Gard.
PRÉGERMAIN (Réné).	1778	23 mars 1809	idem.	Enfer, par Lormes (Nièvre).	idem.	L'Yonne, de la Roche du Gard au gué de Mariguy.
PRÉGERMAIN (Pierre).	»	15 juin 1838	idem.			
BUSSIÈRE (Jean).	1811	26 juillet 1838	idem.	Montreuillon, par Corbigny (Nièvre).	idem.	L'Yonne, du gué de Marigny au pont de Bellevaux.—Ruisseaux de la Baye et le Bruit.
FOUCHER (Louis-Léon).	1791	5 avril 1815	idem.	Taveneau, par Corbigny (Nièvre).	idem.	L'Yonne, du pont de Bellevaux au ruisseau de la Colancelle (Picampois).
BARDEAUX (Simon).	an 2	16 mars 1832	idem.	PontCharreau, par Château-Chinon (Nièvre).	idem.	L'Yonne, de Pont-Charreau au Touron.
PARIZE (Michel).	an 5	24 janvier 1837	idem.	La vallée de Cours, par Château-Chinon (Nièvre).	idem.	

Division du Bas.

NOMS ET PRÉNOMS.	ANNÉE de la naissance.	DATES des NOMINATIONS.	EMPLOIS.	RÉSIDENCES.	INSPEC-TION de	ARRONDISSE-MENTS.
MM.						
GUENOT (Pierre-André).	1787	11 février 1814	Garde-général.	Corbigny (Nièvre).	Clamecy.	Les ruisseaux de la Colancelle, la Forêt, Varennes, Anguison et Auxois. L'Yonne, de la Colancelle (Picampois) à l'Armance.
GAUTIER (Étienne).	1794	24 sept. 1829	Garde-particulier.	Sardy-les-Épizy, par Corbigny.	idem.	Ruisseaux de la Colancelle, la Forêt et Varennes.
VILLARDS (Claude).	1787	30 mars 1821	idem.	Vauclaix, par Lormes (Nièvre).	idem.	Ruisseau d'Anguison. jusqu'au gué Boussard.— Ruisseau d'Auxois jusqu'à Vellerot.
GAUTHÉ (Nicolas-Cadet).	1797	28 mai 1827	idem.	Corbigny (Nièvre).	idem.	Le bas d'Anguison.— L'Yonne, de Picampois à Anguison.
GAUTHÉ (Pierre). (Frisé).	1801	24 sept. 1029	idem.	Combre, par Corbigny (Nièvre).	idem.	Le bas d'Auxois, l'Yonne, d'Anguison à Monceaux.
CHARLOT (Claude).	1789	26 mars 1834	idem.	Monceaux-le-Comte (Nièvre)	idem.	idem.
COMTE (Jacques-Hubert).	1805	3 nov. 1831	idem.	Cussy, par Moulins-en-Gilbert (Nièvre).	idem.	
PARISSE (Jean-Alban).	1768	5 ventôse an 9	idem.	Champagne, par Tannay (Nièvre).	idem.	L'Yonne, de Monceaux à Trois-Quartes.
PAUPERT (François).	1811	13 nov. 1837	idem.	La Claye, par Monceaux-le-Comte (Nièvre).	idem.	Ruisseau et ports d'Auxois.
PARISSE (Christophe).	1799	15 juin 1838	idem.	Asnois, par Tannay (Nièvre).	idem.	L'Yonne, de Trois-Quartes à l'Armance.— Ruisseau de l'Armance.

NOMS ET PRÉNOMS.	ANNÉE de la naissance.	DATES des NOMINATIONS.	EMPLOIS.	RÉSIDENCES.	INSPECTION de	ARRONDISSEMENTS.
MM.						
CHEVALIER (Philbert).	»	26 juillet 1838	Garde-port.	Château-Chinon(Nièvre).	*Clamecy.*	L'Yonne, de ses sources à la Planche d'Arringette, compris tous les ruisseaux affluens à l'Yonne jusqu'à la rivière de la Houssière exclusivement.
LORIN (Jean-Edme).	»	26 juillet 1838	idem.	Planchez, par Château-Chinon(Nièvre).	*idem.*	La Houssière et tous ses affluens. — Ruisseaux d'Ancin et Minago. — L'Yonne, d'Aringette à la Baye.
CHEVALIER (Charles-Germain).	»	26 juillet 1838	idem.	Bellevaux-en-Morvant, par Moulins-en-Gilbert (Nièvre).	*idem.*	Ruisseau de la Baye et Bruit.—La Colancelle, Varennes, la Forêt. — L'Yonne, de la Baye à Anguison.— Le canal du Point de Partage, venant de l'Yonne au pont de Marigny.
SURUGUE (Auguste).	»	26 juillet 1838	idem.	Monceaux-le-Comte (Niè-	*idem.*	Ruisseaux d'Anguison et d'Auxois.—L'Yonne, d'Anguison à l'Armance.

AGENTS ET EMPLOYÉS

ATTACHÉS A LA COMPAGNIE DES INTÉRESSÉS AUX FLOTS DES RIVIÈRES DE BEUVRON ET SOZAY, DITES *PETITES RIVIÈRES*, A CLAMECY (NIÈVRE).

Bureau central,
à Clamecy.

NOMS ET PRÉNOMS.	ANNÉE de la naissance.	DATES des NOMINATIONS.	EMPLOIS.	RÉSIDENCES.	INSPECTION de	ARRONDISSEMENTS.
MM.						
TARTRAT (Jean-Baptiste-Étienne).	»	14 janvier 1832	Agent-général.	Clamecy (Nièvre).	*Clamecy.*	
JOACHIM-LEDOUX (Louis-Joseph).	1787	6 décem. 1811	Directeur des ports.	Ibidem.	*idem.*	Ports de la Forêt.
CORRÉ (Claude).	1777	29 nov. 1822	Garde-particulier et sous-directeur des ports.	Ibidem.	*idem.*	idem.
PHILBERT (Saint-Paul.)	1785	5 avril 1838	Garde-particulier.	Ibidem.	*idem.*	idem.
GAUJOUR (Étienne).	1784	14 avril 1828	idem.	Maisons-du-Bois, comᵉ de Crux-la-Ville, par St-Saulge (Nièvre).	*idem.*	Ruisseaux d'Arron et Sansenay.
DOUZERY (Louis).	1790	2 décem. 1820	idem.	Brinon-les-Allemands, par Varzy (Nièvre).	*idem.*	Beuvron en amont et ruisseaux affluens.
GRANIER (Paul-Eustache).	1800	5 avril 1838	idem.	Arthel, par Prémery (Nièvre).	*idem.*	Ruisseaux d'Arthel et Corvol d'Embernard.
GILLOTTE (Jean).	1791	18 nov. 1828	idem.	Beuvron (Nièvre), par Varzy.	*idem.*	Beuvron en aval.
LÉLU (François).	1793	28 mars 1822	idem.	Bussy-la-Pesle, par Varzy (Nièvre).	*idem.*	Rivière de Sozay, en amont et ruisseaux d'Oudan et Corbelin.
QUANTIN (Adrien).	1766	18 janvier 1810	idem.	Corvol l'Orgueilleux, par Clamecy (Nièvre).	*idem.*	Rivière de Sozay en aval, et ruisseau de Sainte-Eugénie.

AGENTS ET EMPLOYÉS

ATTACHÉS A LA COMPAGNIE DES BOIS DE LA RIVIÈRE DE CURE ET SES AFFLUENTS, A VERMANTON (YONNE).

Bureau central,
à Vermanton.

NOMS ET PRÉNOMS.	ANNÉE de la naissance.	DATES des NOMINATIONS.	EMPLOIS.	RÉSIDENCES.	INSPECTION de	ARRONDISSEMENTS.
MM.						
QUATREVAUX (François).	»	22 nov. 1817	Agent-général.	Vermanton (Yonne).	Clamecy.	La Cure et tous ses affluens.
AUGÉ (Pierre).	1785	18 décem. 1823	Garde-général.	Avallon (Yonne).	idem.	Cure, Cousin et affluens jusqu'à Blannay.
CHATELAIN (Joseph).	1779	9 janvier 1815	Garde-rivière.	Gouloux (Nièvre), par Mont-Sauche).	idem.	Ruisseaux de Caillot et Montsauche.
CHATELAIN (François).	1774	4 décem. 1809	idem.	Quarré - les - Tombes (Yonne).	idem.	La Cure, des Sauts à St.-Marc.
MATHIEU (Eustache).	1791	18 décem. 1822	idem.	Ibidem.	idem.	idem.
CERCIER (François).	1775	29 nov. 1821	idem.	Ibidem.	idem.	idem.
CHARRIER (Michel).	1787	18 décem. 1822	idem.	Chastellux (Yonne).	idem.	La Cure, de Chastellux à Branjame.
GOFROY (Pierre-François).	1796	19 décem. 1827	idem.	Asquins (Yonne), par Vezelay.	idem.	La Cure, de Branjame à Blannay.
GOFROY (Jean-Baptiste).	1771	6 niv. an 4	idem.	Uzy (Yonne), par Vezelay.	idem.	idem.
ROBIN (Simon).	1802	1er mai 1815	idem.	Marigny-sur-Yonne, par Corbigny (Nièvre).	idem.	Le ruisseau de Chalaux.

NOMS ET PRÉNOMS.	ANNÉE de la naissance.	DATES des NOMINATIONS.	EMPLOIS.	RÉSIDENCES.	INSPEC- TION de	ARRONDISSE- MENTS.
MM.						
MAISON (Edme).	1788	18 décem. 1822	Garde-rivière.	Avallon (Yonne).	*Clamecy.*	Le Cousin.
BEZANGER (Nicolas).	1798	18 décem. 1818	idem.	Arcy-sur-Cure par Vermanton (Yonne).	*idem.*	De Blannay à Arcy.
REZARD (Gabriel).	1779	15 nov. 1810	Garde-porte.	Bessy, par Arcy-sur-Cure (Yonne).	*idem.*	De Bessy à Reigny.
REZARD (Claude).	1805	19 décem. 1835	Garde-rivière.	ibidem.	*idem.*	idem.
ROBIN (Nicolas).	1797	8 juillet 1824	idem.	Vermanton (Yonne).	*idem.*	De Vermanton à Cravant.
SOMMET (Étienne).	1804	26 février 1835	idem.	ibidem.	*idem.*	idem.
AUBRY (Étienne).	1769	20 décem. 1830	Garde-porte.	ibidem.	*idem.*	De Reigny à Vermanton.
SOMMET (André).	1802	18 décem. 1823	Garde rivière.	Accolay (Yonne), par Vermanton.	*idem.*	D'Accolay à Cravant.
AUBRY (Nicolas).	1767	15 avril 1829	Garde-porte.	ibidem.	*idem.*	idem.

Vanne, *affluent de l'Yonne.*

Cette rivière prend sa source à Messon, près de Fontvanne (Aube), et elle se jette dans l'Yonne, à Sens (Yonne). Elle est flottable à bûches perdues depuis Estissac (Aube) jusqu'à son embouchure.

Les bois fournis par la Vanne proviennent surtout de la forêt d'Othe.

AGENTS DU COMMERCE DE BOIS DE LA RIVIÈRE DE VANNE, *affluent de l'Yonne.*

NOMS ET PRÉNOMS.	DATES des NOMINATIONS.	EMPLOIS.	RÉSIDENCES.	INSPEC- TION de	ARRONDISSEMENTS.
MM.					
COCHOIS (Théo - dore).	30 décem. 1822	Commis-géné- ral.	Sens (Yonne).	*Joigny.*	La Vanne.
JUNAUX (Philippe).	22 mars 1828	Garde-rivière.	Saint - Mards en Othe (Aube).	*idem.*	idem.
KLEY (Amand).	18 mars 1822	idem.	Sens (Yonne).	*idem.*	idem.

Ruisseau de St-Vrain, *affluent de l'Yonne.*

Ce ruisseau prend sa source à Fourolles, 1 l. sud-ouest de Villiers-St-Benoit, et il est flottable depuis Somquaise, sur une longueur de 5 l. Il entre dans l'Yonne au bas de Cezy.

AGENTS DU COMMERCE DE BOIS DU RUISSEAU DE SAINT-VRAIN, *affluent de l'Yonne.*

NOMS ET PRÉNOMS.	DATES des NOMINATIONS.	EMPLOIS.	RÉSIDENCES.	INSPEC- TION de	ARRONDISSEMENTS.
MM.					
BOTTIN (Auguste- François).	16 nov. 1833	Garde-commis	La Ferté-Loupière (Yonne) , par Charny.	*Joigny.*	Ruisseau de St-Vrain.
CHICANDARD (Ben- jamin).	17 décem. 1834	Garde-rivière.	Cezy (Yonne), par Joigny.	*idem.*	Idem.

Loing , *affluent de la Seine.*

La rivière de Loing prend sa source dans l'Yonne, à la ferme de Loing, demi-l. sud de Sainte-Colombe-en-Puisaye, et elle se jette dans la Seine à Moret (Seine-et-Marne).

La navigation existait anciennement sur le Loing depuis Montargis jusqu'à son embouchure, au moyen de pertuis accessoires établis aux moulins. Mais cette navigation difficile et dangereuse fut remplacée en 1724 par celle d'un canal construit tantôt latéralement à la rivière, tantôt dans son lit même (*v.* la notice du canal de Loing, page 45).

La rivière de Loing sert encore aujourd'hui au flottage depuis St.-Fargeau jusqu'à sa jonction au canal de Briare, sur une étendue d'environ 5 l. Ce flot, dit de St.-Fargeau, est tiré sur le port de Rogny.

AGENT GÉNÉRAL DU COMMERCE DES BOIS, SUR LA RIVIÈRE DE LOING , *affluent de la Seine.*

NOM ET PRÉNOMS.	DATE de la NOMINATION.	RÉSIDENCE.	INSPECTION de	ARRONDISSEMENT.
M.				
GALLON fils (Antoine – Louis).	11 mai 1833	St.-Fargeau (Yonne).	*Lorris.*	Rivière de Loing.

PRÉFECTURE

DU DÉPARTEMENT DE LA SEINE,

PLACE DE L'HOTEL-DE-VILLE.

Bureaux ouverts tous les jours, excepté les dimanches et fêtes, de 10 à 4 heures.

M. le Comte DE RAMBUTEAU (O ✳), Pair de France, Conseiller d'État, Préfet.

M. LAURENT DE JUSSIEU ✳ , Maître des Requêtes, Secrétaire général.

Cabinet particulier.

M. DE BOULLENOIS, Secrétaire particulier.

Secrétariat général. — *Beaux-Arts, Personnel, etc.*

M. VARCOLLIER ✳, Chef.

Bureau du Matériel.

M. ALPHÉE BUFFET, Chef.

1re Division. — *Administration communale, Octrois.*

M. PONTONNIER ✳, Chef de division.

1er Bureau.

M. MASTRELLE, Chef.

M. SAVOURÉ, Chef adjoint. — M. D'AFRY, Sous-Chef.

2e Division. — *Ponts et Chaussées, Travaux publics.*

M. PLANSON, Chef de division.

1er Bureau.

MM. TRÉMISOT, POISSON et DARRIÉ, Chefs de bureau.

ADMINISTRATION

DE L'OCTROI DE PARIS ET DIRECTION DES DROITS D'ENTRÉE,

Rue Pinon, 2.

Bureau ouvert tous les jours, de 9 heures à 4.

L'octroi de Paris est régi et administré sous l'autorité du Préfet de la Seine par un Conseil d'administration composé d'un Directeur et de trois Régisseurs.

M. JOUBERT ✳, Directeur-Président du Conseil, et Directeur des droits d'entrée perçus au profit du Trésor.

MM. GAUTHIER DE HAUTESERVE ✳, DESCURES, LESOURD O ✳, Régisseurs.

Service extérieur.

RECEVEURS : MM. JONOT, *ports d'amont*, quai Bourbon, 21 ;
DELABRO, *ports d'aval*, rue de Verneuil, 29.
GÉRARD, *canal Saint-Martin*, quai Jemmapes, 112.

ADMINISTRATION CENTRALE

DES CONTRIBUTIONS INDIRECTES,

RUE NEUVE-DU-LUXEMBOURG, Nº 2.

Directeur de l'Administration : M. BOURSY (O ✳), Conseiller-d'État.

Sous-Directeurs : MM. BROCHOT ✳, LEROY-DUFOUGERAY ✳, DESTOUCHES ✳.

Bureau du Personnel.

MM. DAVID ✳, Chef; DESNOS, VIGOUREUX, AILHAUD, SMITH, Sous-Chefs.

3e Sous-Direction. — *Législation, Statistique, Contentieux, Octrois, Matériel.*

M. DESTOUCHES ✳, Sous-Directeur; MM. SABÈS, FROMAGE et BUROT, Chefs;
MM. PAUIHÉ, ROUSSÉ, BORREL, BALLARD, DELAPORTE et GAUTHIER, Sous-Chefs.

DIRECTION
DES CONTRIBUTIONS INDIRECTES,
Rue Duphot, 10.

Directeur : M. GUEAU DE REVERSEAUX ✷.
Contrôleur de Comptabilité : M. LEPAGE.
Contrôleurs Ambulants : MM. GIBERT, DELAULNOY ✷ et VERDIÈRE.
Receveur principal : M. BOYER.

Bureau des Droits de Navigation.
Quai d'Austerlitz, 1.

MM. CHIROT, Receveur particulier de Navigation.
LEJOSNE, premier Vérificateur de Navigation.
LONGCHAMP, deuxième Vérificateur de Navigation.

PRÉFECTURE DE POLICE,
A Paris, rue de Jérusalem, 7.

Le Préfet tient ses audiences les mardis à 2 heures, et tous les jours de 11 heures à midi.
Les Bureaux sont ouverts tous les jours de 9 heures à 4.

M. GABRIEL DELESSERT (O ✷), Conseiller-d'État, Préfet.
M. MALLEVAL ✷, Secrétaire général.

Cabinet Particulier.

M. PINEL, Secrétaire intime.
M. NABON DE VAUX ✷, Chef de Bureau.

Secrétariat Général.
1er BUREAU.—PERSONNEL.

M. E. COUSINARD ✷, Chef.

Archives : M. LABAT, Sous-Chef.

2e DIVISION. — APPROVISIONNEMENT, COMMERCE ET NAVIGATION, PETITE VOIRIE, NETTOIEMENT, ÉCLAIRAGE, POIDS ET MESURES, VOITURES, ROULAGE.

M. RIEUBLANC ✷, Chef.

1er BUREAU. — POIDS ET MESURES, NAVIGATION, CANAUX, RIVIÈRES, BATEAUX A VAPEUR, CHANTIERS DE BOIS, CHARBONS, ETC.

M. BARDEL, Chef.
M. GUÉRARD, Sous-Chef.

PORTS

DU DÉPARTEMENT DE LA SEINE,

Ouverts du 1er avril au 1er octobre, de 6 heures du matin à midi et de 2 heures à 7 heures ; du 1er octobre au 1er avril, de 7 heures à midi et de 2 heures à 5 heures.

INSPECTION GÉNÉRALE DE LA NAVIGATION ET DES PORTS DU DÉPARTEMENT DE LA SEINE.

Bureau Central.

Rue de la Barillerie, 18.

MM. DUMOULIN , Inspecteur-Général.

BRISSOT-VARVILLE, Inspecteur-Contrôleur.

MILLON DE VERNEUIL, Commis principal.

DEMARSY, Commis d'ordre.

PIETRISSON , Commis expéditionnaire.

VIEL-CASTEL, Surnuméraire.

LAMOTTE, Auxiliaire.

ROBERT , dit BLACHE, Garçon de bureau.

Service extérieur.

1er Arrondissement.

NOMS.	EMPLOIS.	SITUATION DES BUREAUX.	PORTS, QUAIS, ETC., confiés à leur surveillance.	INDICATION DES RIVES.
MM.				
AQUART.	Inspecteur particulier.	1er *bureau*, à Bercy, quai de Bercy, 29.	Ports de Bercy, de la Gare, de la Rapée et de l'Hôpital.	Rive gauche et rive droite.
LACOMBE.	Sous – inspecteur.	2e *bureau*, quai de la Rapée, près de la rue Traversière.	Idem.	Idem.
DE VILCOURT.	Idem.	3e *bureau* , à la Gare.	Idem.	Idem.
MAZOYER.	Préposé.	3e *bureau* , à la Gare.	Idem.	Idem.

2e *Arrondissement.*

NOMS.	EMPLOIS.	SITUATION DES BUREAUX.	PORTS, QUAIS, ETC., confiés à leur surveillance.	INDICATION DES RIVES.
MM.				
DUCHÊNE.	Inspecteur particulier.	*Bureau,* port St-Bernard.	Port St-Bernard ; quai du même nom ; ports aux Fruits ou des Miramiones ; ports de la Tournelle ou des Grands-Degrés ; quai de la Tournelle.	Rive gauche de la barrière de la Gare au Pont-Neuf.

3e *Arrondissement.*

MERLET fils.	Idem	*Bureau,* quai de la Grève, contre le corps-de-garde.	Port aux Poissons, en tête du pont Marie ; port St-Paul ; quai des Célestins ; port aux Veaux ; quai des Ormes ; port au Blé ou de la Grève ; quai de la Grève.	Rive droite de la partie orientale de l'île Louviers au Pont-Neuf.
MATHIEU.	Sous-inspecteur.	Idem.	Idem.	idem.

4e *Arrondissement.*

CHABRAN.	Inspecteur particulier.	*Bureau,* port St-Nicolas, contre le corps-de-garde.	Port de l'École ; quai du même nom ; de la Monnaie ou des Quatre-Nations ; quai Malaquais ; port des Saint-Pères ; quais Malaquais et Voltaire ; port Saint-Nicolas ; quai du Louvre ; port d'Orsay ; quai de ce nom.	Rives gauche et droite, du Pont-Neuf au pont de la Concorde.
VAUGIEN.	Sous-inspecteur.	Idem.	Idem.	idem.

5e *Arrondissement.*

VUAILLET.	Inspecteur particulier.	*Bureau* à l'entrepôt du Gros-Caillou.	Port des Invalides ; de l'île aux Cygnes ou du Gros-Caillou ; de la Cunette ; de Grenelle et de Javel ; des Champs-Elysées ; de Passy et du Point-du-Jour.	Les deux rives, du pont de la Concorde au port de Javel, rive gauche, et du Point-du-Jour, rive droite.

NOMS.	EMPLOIS.	SITUATION DES BUREAUX.	PORTS, QUAIS, ETC., confiés à leur surveillance.	INDICATION DES RIVES.
MM.				
TOMBINI.	Inspecteur particulier.	*Bureau* à la Villette (bâtiment de la Rotonde).	Bassin de la Villette ; canal St-Denis ; canal de l'Ourcq jusqu'aux limites du département.	»
RAYMOND.	Sous-inspecteur.	idem.	idem.	»
GUILLAUME.	Inspecteur particulier.	*Bureau*, quai de Valmy, 5.	Canal St-Martin et prot de l'Arsenal, du pont d'Austerlitz à l'île Louviers exclus.	»
PAGANELLE.	Sous-inspecteur.	idem.	idem.	»
BOREL.	Préposé en chef.	*Bureau d'arrivage* de la basse Seine, à la Briche.	Ponts de Sèvres et St-Cloud ; Courbevoie, Neuilly, Clichy, Asnières, St-Ouen, St-Denis et la Briche.	Du Point-du-Rouge à la Briche, rives droite et gauche, en y comprenant la Gare de St-Ouen.
REGNIER.	Préposé en second.	idem.	idem.	idem.
MISSA.	Préposé en chef.	*Bureau d'arrivage* de la haute Seine, à Choisy-le-Roi.	Pont de Choisy-le-Roi et Port-a-l'Anglais.	De l'extrémité du département à l'ancien bac des carrières Charenton, rives droite et gauche.
LAURENT (Jules).	Préposé en second.	idem.	idem	idem.
JADRAS.	Préposé en chef	*Bureau d'arrivage* de la Marne, à Charenton.	Ports d'Alfort et des Carrières.	De l'entrée de cette rivière dans le département à son embouchure dans la Seine.

Service des Bateaux à vapeur.

M. DALIOT, Inspecteur spécial.

INSPECTION PRINCIPALE

DU POIDS PUBLIC ET DES BOIS ET CHARBONS.

Bureau central,
Rue de Jérusalem, 5.

NOMS ET PRÉNOMS.	DATES DES NOMINATIONS.	EMPLOIS.
MM.		
GUERIN (Jacques–François).	1er septembre 1830.	Inspecteur principal du poids public et des bois et charbons.
ESPINAS (Jean–Vincent).	1er juin 1822.	Commis principal.
PESCHAUD (Alexandre).	21 avril 1832.	Garçon de bureau.

Poids-Public.

NAILLE (Louis–Charles–Firmin).	28 janvier 1814.	Inspecteur de 1re classe.
HERBEAUMONT (Marie–Edme).	16 février 1810.	Préposé comptable.
LEGRAND ✠ (Isidore–Jean).	12 avril 1827.	idem.
CONTRASTIN (Antoine).	29 décembre 1828.	idem.
OZERÉ (Emmanuel–François).	24 février 1831.	idem.
PASSOT (Benoit–Jean–Simon).	15 octobre 1830.	idem.
FILLIOUX (Jean–Baptiste).	1er novembre 1832.	idem.
LESTANG (Jean–Charles).	30 décembre 1824.	idem.
PLAUT jeune (Armand).	16 septembre 1838.	Préposé.
PLAUT aîné (Maurice–Jean).	31 octobre 1832.	idem.

NOMS ET PRÉNOMS.	DATES DES NOMINATIONS.	EMPLOIS.
MM.		
BAUDUC (Benjamin-Marthe).	1er novembre 1833.	Préposé.
CHOEL (Augustin-Nicolas).	8 juillet 1818.	Commis-peseur.
PEROT (Vincent).	9 mai 1817.	idem.
LEROY (Jean-Louis-Nicolas).	1er juillet 1826.	idem.
SOL (Pierre-Jean-Simon).	16 février 1832.	idem.
BEUZEVEL (Jean-Marie).	1er avril 1832.	idem.
TOUSSAINT (Hubert).	21 mars 1837	idem.

Bois et Charbons.

CLAVEAU (Henri-François).	1er juillet 1813.	Inspecteur de 1re classe.
DARAUX ✳ (Jacques – Louis-Toussaint).	1er mars 1823.	idem.
ROBIN (Jean-Baptiste).	8 janvier 1814.	idem.
PINOT DE ST-PIERRE (Clément-Eugène).	21 avril 1825.	idem.
GREVENICH (François-Joseph).	10 mars 1832.	idem.
PIPEROT (Henri).	23 avril 1825.	idem.
DESRIGNIÈRES (Louis-Marie).	1er novembre 1832.	idem.
BERRIER (André-Constant).	8 janvier 1824.	idem.
LEGRAND (Henri-Auguste).	26 janvier 1825.	idem.
RICATEAU (Alexandre).	15 septembre 1830.	idem.

NOMS ET PRÉNOMS.	DATES DES NOMINATIONS.	EMPLOIS.
MM.		
GOSSELIN (Charles-Louis).	22 janvier 1826.	Inspecteur de 2e classe.
CLAVIER (Marcellin).	5 février 1826.	idem.
BOUCHARD (Jacques).	2 novembre 1826.	idem.
LECOMTE (Pierre-Jean).	15 septembre 1830.	idem.
REMY (Pierre-Charles).	15 septembre 1830.	idem.
CREBASSAN (Pierre-Charles).	1er juillet 1832.	idem.
JULIEN (Louis - Barthélemy - Etienne).	21 juillet 1832.	idem.
DUVERT (Anne-Émile).	21 juillet 1832.	idem.
BILLETTE (Jean-Baptiste).	1er novembre 1832.	idem.
RIVOIRE (Antoine).	6 décembre 1833.	idem.
FROIDURE (Louis-Martial).	20 avril 1835.	idem.
LIGNAULT (Michel).	22 mars 1837.	idem.
FIAT (Louis-Antoine-Charles).	9 janvier 1839.	Inspecteur surnuméraire.

ADMINISTRATION

DU CANAL DE BRIARE,

Rue Jacob, 46.

———

M. DE SAUVILLE, Secrétaire et Contrôleur général.

M. JUBINAL, Receveur général.

———

COMPAGNIE

DU CANAL DE BOURGOGNE,

Rue St-Fiacre, 20.

———

ADMINISTRATEURS : MM. J. HAGERMAN. — G.-A. BLANC. — B.-G. COLIN. — G. ODIER. — G.-A. ODIER.

CAISSIER : M. HILLEMACHER.

———

COMPAGNIE

DES CANAUX DE L'OURCQ, DE SAINT-DENIS ET SAINT-MARTIN,

Rue Hauteville, 38.

———

M. DUPIN, Secrétaire général.

M. EMILE VIGNER, Inspecteur général.

———

PERSONNEL ADMINISTRATIF ET COMMERCIAL.

DEUXIÈME PARTIE.

PERSONNEL COMMERCIAL.

RÉUNION

DES QUATRE COMMERCES

DE BOIS DE CHAUFFAGE EN CHANTIERS ;

de l'île Louviers ; de Charbon de bois aux ports ;

ET DE BOIS CARRÉS, CHARPENTE, SCIAGE ET CHARRONNAGE

POUR L'APPROVISIONNEMENT DE PARIS,

Quai de Béthune, 8 (île Saint-Louis).

NOMS ET DEMEURES

DES MEMBRES COMPOSANT L'ASSEMBLÉE GÉNÉRALE DES DÉLÉGUÉS
DES QUATRE COMMERCES RÉUNIS.

Commerce de Bois de chauffage en chantiers.

MM. Louis VASSAL, quai de la Tournelle, 3 et 7.

PANIS ✳, rue Poliveau, 27.

BESNARD, quai de la Tournelle, 9 et 17.

GALLAIS, boulevart Mont-Parnasse, 10.

PASCAL (O ✳), rue Plumet, 14.

DUPUIS aîné, rue Saint-Pierre-aux-Choux, 16.

COEFFIER fils, rue des Fossés-du-Temple, 52 bis.

CLÉRY aîné, rue de la Madeleine, 32.

THOUREAU (Auguste), rue du Faubourg-Poissonnière, 85.

Commerce de Bois de l'île Louviers.

MM. SALAUN aîné, quai des Célestins, 20.

CAIRE, quai de la Rapée, 47.

HENRI jeune, rue Saint-Paul, 45.

LUTTON, quai des Célestins, 22.

BASCHET-FILDIER, rue des Lions-Saint-Paul, 7.

Commerce de Charbon de Bois aux ports de Paris.

MM. POUILLOT ✻, quai des Célestins, 14.

ALAINE fils, quai d'Orléans, 2.

BOURON, à Joigny (Yonne).

MÉNARD (Pierre), rue de Lille, 11.

BERTIN, à Nogent-sur-Seine (Aube).

Commerce de Bois carrés, Charpente, Sciage et Charronnage.

MM. MOREAU père (O ✻), place Royale, 9.

Frédéric MOREAU ✻, ibidem.

DIDIOT aîné, quai de la Rapée, 7.

MEDER aîné, quai d'Austerlitz, 27.

COMITÉ CENTRAL

Ce Comité, composé de cinq Membres nommés par l'Assemblé générale des Délégués, et pris dans son sein, examine préalablement toutes les affaires et soumet ses propositions à l'Assemblée générale. Les demandes, réclamations et propositions qui concernent et qui intéressent les quatre Commerces réunis, doivent lui être adressées quai de Béthune, 8.

Le **COMITÉ CENTRAL** tient ses séances le premier mercredi de chaque mois, à 1 heure précise.

MEMBRES DU COMITÉ CENTRAL.   MEMBRES SUPPLÉANS.

MM. Louis VASSAL,
PANIS ✻,   MM. BESNARD et Auguste THOUREAU.
SALAUN aîné,   BASCHET-FILDIER.
ALAINE fils,   MÉNARD (Pierre).
MOREAU père (O ✻),   Frédéric MOREAU ✻.

M. Louis VASSAL, Président de l'Assemblée générale et du Comité central.

M. MOREAU père (O ✻), Secrétaire.

M. ROUSSEAU, Agent spécial des quatre Commerces réunis de Bois et Charbons.

COMPAGNIE

DU COMMERCE DE BOIS DE CHAUFFAGE EN CHANTIERS A PARIS.

Bureau d'Administration,
Quai de Béthune, 8 (île St-Louis).

Syndic, M. Louis VASSAL.

MM.

ADJOINTS.

DUPUIS ainé. . . . . }
COEFFIER fils. . . . . } pour l'arrondissement St-Antoine.

PANIS ✻. . . . . }
BESNARD. . . . . } pour l'arrondissement St-Bernard.

CLERY ainé. . . . . }
THOUREAU (Auguste). . . . . . } pour l'arrondissement St-Honoré.

GALLAIS. . . . . }
PASCAL (O ✻). . . . . } pour l'arrondissement St-Germain.

M. ROUSSELIN-MICHAULT, *Agent général.*

Conseils Judiciaires.

M. LATRUFFE-MONTMEYLIAN ✻, *Avocat au Conseil d'État et à la Cour de Cassation,*
rue Mézières, 4.

M. Philippe DUPIN ✻, *Avocat à la Cour Royale*, rue Mesnard, 4.

M. JARSAIN, *Avoué de première instance,* rue Choiseul, 2.

M. FERRON, *Avoué à la Cour Royale,* rue des Fossés-St-Germain-l'Auxerrois, 31.

CONTRE-MARQUES.	NOMS.	ENSEIGNES.	DEMEURES.

Arrondissement Saint-Antoine.

MM.

CONTRE-MARQUES.	NOMS.	ENSEIGNES.	DEMEURES.
J+A	AMIOT.	ch. des anciens Marronniers.	faubourg du Temple, 77.
B	BARRUEL.	ch. du Faubourg-Montmartre.	rue des Martyrs, 33.
(coq, cloche)	BAUDOT.	ch. du Diorama.	rue des Marais-du-Temple, 8 et 10.
BxZ	BAZIN.	ch. des Filles du Calvaire.	rue des Fossés-du-Temple, 6.
E.B	BOISSELET.	ch. de la rue de Charonne.	rue de Charonne, 50.
BB	BOURBON aîné.	ch. du Château-d'Eau.	rue des Marais-du-Temple, 30.
BC	BOURBON-COULON.	ch. de la Réunion.	rue Amelot, 22.
ÆB	BOURDILLIAT (Ambroise),	à la Bonne-Foi.	rue de Bercy, 44.
BL	BOURDILLIAT-LEBLANC	ch. du Château.	grande rue de Reuilly, 39.
(tour)	BOUVRET-CHEVET.	ch. de la Tour d'argent et de la rue d'Agouléme.	rue d'Angoulême, 23.
RC	CAZALOT (Madame), née RIEUSSEC.	ch. couvert. / ch. de l'Étoile. / ch. de la Porte-St-Antoine.	rue de Charonne, 165. / rue de Charenton, 111. / place de la Bastille, anglet du boulevart Bourdon.
CD	CHARDON.	ch. de la Boule Blanche.	rue de Charenton, 53.
C.J.	CHENAL-JOLLOIS.	ch. de la Grille.	rue des Marais-du-Temple, 70 et 76 bis.

CONTRE-MARQUES.	NOMS.	ENSEIGNES.	DEMEURES.
	MM.		
(PC)	CHOCARNE fils.	*ch. de la Forêt de Montargis.*	rue des Fossés-du-Temple, 46.
(CF)	COEFFIER fils.	*ch. de l'Étoile.*	rue des Fossés-du-Temple, 52 *bis*, et quai Valmy, quartier du Temple.
GD	DROUARD (Mad. Veuve).	*ch. de l'Aigle-d'Or.*	rue de Charenton, 16.
⊙③	DROUYN.	*ch. du faub. Poissonnière.*	rue de Chabrol, 65.
J·D	DUPUIS aîné.	*ch. du Grenadier.*	rue Basse-St-Pierre-Pont-aux-Choux, 16.
G·B	GIRARD fils.	*ch. St-Vincent-de-Paul.*	place de Lafayette, 7.
CG	GUGELBERG et Comp.ie.	*gr. ch. de la rue Hauteville.*	rue Hauteville, 64.
(HR)	HENRY-RADOT.	*ch. St-Sébastien.*	rue St-Sébastien, 19 *bis*.
NL	LALLÉ.	*ch. de la Roquette.*	rue de la Roquette, 44.
⚓	LECLERC fils.	*ch. des Lions.*	rue Amelot, 54 ; domicile rue St-Sébastien, 22.
L	LEREUIL (Charles).	*gr. ch. de la Porte-St-Martin.*	rue du Faubourg-St-Martin, 124, et rue des Vinaigriers, 40.
IL	LOUVET.	*ch. du Commerce.*	rue des Vinaigriers, 30; domicile rue Albouy, 6.

12

CONTRE-MARQUES.	NOMS.	ENSEIGNES.	DEMEURES.
	MM.		
MM	MATHIEU-MILLIOTTI.	*ch. de la Comète.*	rue des Fossés–du–Temple, 52, et quai Valmy.
CMF	MAUNY frères.	*ch. du faubourg St-Denis.*	rue de Chabrol, 6.
		ch. St-Laurent.	rue des Récollets, 11.
MN	MINOT.	*ch. de Rochechouart.*	rue Rochechouart, 34.
NT	NIZEROLLE et TOUFFLIN	*ch. de la Paix.*	rue Amelot, 16.
		ch. de la rue d'Aval.	rue d'Aval, 22.
PP	PAYOT.	*ch. du quai de la Rapée.*	quai de la Rapée, 17; domicile rue St–Antoine, 187...
MR	REGNAULT frères.	*ch. des Armes de France.*	rue St-Pierre-Popincourt, 8.
LR	RICHARD fils.	....	rue de Bercy, 3.
P.R.	ROGER fils.	*ch. des Vendanges de Bourgogne.*	quai de Jemmapes, 50, quartier du Temple.
✚	ROUXEL.	*ch. de la Victoire.*	rue Basse-St-Pierre-Pont-aux-Choux, 14.
TB	THOUREAU (Auguste).	*ch. de Bellefond.*	rue du Faubourg-Poissonnière, 85; domicile même rue, 89.
LV	VERRAT.	*ch. du faubourg du Temple.*	rue du Faubourg - du Temple, 14, et quai d'Austerlitz, 3.
VV	VERROLLOT.	*ch. de l'Écu.*	rue du Chemin-Vert, 1, et rue Amelot, 24.

CONTRE-MARQUES.	NOMS.	ENSEIGNES.	DEMEURES.

Arrondissement Saint-Bernard.

MM.

CONTRE-MARQUES.	NOMS.	ENSEIGNES.	DEMEURES.
△ B C	BAUDRY-COUSIN.	*ch. des Cordeliers.*	rue Pascal, 32.
☆ B	BESNARD.	*ch. du Cardinal Le Moine.*	quai de la Tournelle, 9 et 17.
F★B	BOUTIN aîné (François).	*ch. des Gobelins.*	rue du Grand-Banquier, 15 *bis.*
T♡B	BOUTIN jeune (Toussaint).	*ch. de la Glacière.*	rue de la Glacière, 9.
B.J.	BOUVRET jeune.	*ch. de Ste-Geneviève, ci-devant du Panthéon.*	rue d'Ulm, 16.
MC	CANDAS.	*ch. de St-Jean-de-Latran.*	place Cambrai, 2.
C	CRETTÉ (Mᵐᵉ veuve).	*ch. de la place aux Veaux.* *ch. de la Grille.*	rue de Pontoise, 11, rue de Poissy, 3, et rue des Bernardins, 11.
F.D.	DESOUCHES-FAYARD.	*ch. d'Austerlitz.*	quai d'Austerlitz, 7, ci-devant de l'Hôpital.
JF	FOUCHER.	*ch. de la Boule-Blanche.*	rue de Poissy, 9.
J.F FJ	JADRAS.	*ch. de l'Arcade-St-Jacques.*	rue St-Jacques, 241, et rue des Ursulines, 8.
G M	MACLAUD (Gabriel).	*ch. du Théâtre St-Marcel.*	rue Pascal, 23.
JM	MILLOT.	*ch. de l'Estrapade.* *ch. Millot.* *ch. des Ursulines.* *ch. de Dépôt.*	rue d'Ulm, 7, 9, 11 et 13.
EP	PANIS.	*ch. du Bel-Air.* *ch. du Finistère.*	rue de Poliveau, 27 et 28.
🦒	PETIT (Florent-Henri).	*ch. du Marais.*	rue Mouffetard, 280.

CONTRE-MARQUES.	NOMS.	ENSEIGNES.	DEMEURES.
R&G	MM. RATHIER et GUYON.	*gr. ch. du Val-de-Grâce.*	rue des Ursulines, 1 et 3.
(LV & C)	VASSAL et Comp.	*ch. du Faubourg.*	quai de la Tournelle, 3 et 7.

Arrondissement Saint-Honoré.

CONTRE-MARQUES.	NOMS.	ENSEIGNES.	DEMEURES.
ADAM	ADAM (Charles).	*ch. St-Sébastien.*	rue de la Pépinière, 53.
/AB\	BERTIN.	*ch. de Londres.*	rue de Londres, place de l'Europe; domicile, rue de Milan, 11.
B·VI	BOURGIER.	*ch. du Bel-Air.*	rue de Clichy, 45.
CL	CLÉRY frères.	*ch. du Grand-Rouvet.*	rue de la Madeleine, 32, et rue de l'Arcade, 3.
(W)	DOISTAU.	*gr. ch. de St-Georges.*	rue Neuve-St-Georges, 9.
(ED)	DOUX.	*ch. de l'Étoile.*	rue St-Lazare, 91.
(DF)	DUFLOCQ.	*anc. maison Marcellot frères.*	rue de la Pépinière, 50 bis.
/G★\	GUILLOTEAUX ainé ❧.	*aux Deux-Lions.*	quai de Billy, 32 (Chaillot).
◇TH◇	HOULLIER et fils ainé.	*ch. du Chemin-de-Fer.*	rue St-Lazare, 93 et 95.
LM	LEMAIRE.	*ch. de la rue Basse.* *ch. de la Pologne.*	rue Basse-du-Rempart, 64. rue St-Lazare, 97.

CONTRE-MARQUES.	NOMS.	ENSEIGNES.	DEMEURES.
	MM.		
(HM)	MAGU.	*ch. du Roule.*	rue du Faub.-du-Roule, 20.
(ML)	MARQUET (Auguste).	*ch. de la Victoire.*	rue du Colysée, 6.
(croissant)	MARTIN.	*ch. du Croissant.*	allée des Veuves, 25.
(NOEL)	NOEL.	*gr. ch. de Tivoli.*	rue St-Nicolas-d'Antin, 54.
(obélisque)	OUVRÉ.	*ch. de l'Obélisque.*	quai des Champs-Élysées, Cours-la-Reine, 2 et 4.
(VP) (clé)	POYET et fils.	*ch. des Deux-Frères.* *ch. du Colysée.*	rue de Ponthieu, 7, et au Rond-Point des Champs-Élysées, 8. rue du Faubourg-St-Honoré, 109 *bis.*
(P.P)	PREVOST.	*ch. Marbeuf.*	rue de Marbeuf, 8.
S D	SAINTARD-DROUARD.	*ch. de l'ancien Tivoli.*	rue de Milan, 7.
(S)	SAINTARD jeune.	*ch. de la rue de Clichy.* *ch. couvert.*	rue de Clichy, 63. rue de Clichy, 53.
(T)	THOUREAU (Auguste).	*ch. de l'Arcade.*	rue de la Madeleine, 33.
(TᴺL)	THOUREAU nev. et LÉVY.	*ch. St-Lazare.*	rue St-Lazare, 118.

CONTRE-MARQUES.	NOMS.	ENSEIGNES.	DEMEURES.

Arrondissement Saint-Germain.

MM.

CONTRE-MARQUES.	NOMS.	ENSEIGNES.	DEMEURES.
PB	BAROU.	ch. de la rue de Grenelle.	rue de Grenelle, 174; domicile, même rue, 170.
(BB)	BROSSONNEAU frères.	ch. du Nord.	rue de l'Université, 133, et Esplan. des Invalides, 6.
CL.ᴮ	CLÉRY frères.	ch. de Babylone.	boulev. des Invalides, 2.
IG	GALLAIS.	au Garde-National.	boulevart Mont-Parnasse, 10, en face la rue de Vaugirard.
G·R	GIRARD (Charles-Antoine).	ch. de l'Espoir.	boulev. des Invalides, 10.
GK	GLUCK (Mᵐᵉ H.)	ch. du Bon-Pilote.	rue d'Estrée, 2, à l'angle de l'avenue de Villars; domicile, rue Plumet, 4 bis.
H	HALLOT.	ch. du Père de Famille.	rue St-Dominique, 133, esplan. des Invalides, 23.
HF	HOLLIER frères.	ch. de l'Aigle-d'Or.	rue de l'Université, 132.
LL	LOUAPT.	ch. de la rue de Sèvres.	rue de Sèvres, 106; domicile, même rue, 143.
✝2M	MOREAU (Joseph).	ch. du Midi.	boulev. Mont-Parnasse, 8, au coin des rues de Vaugirard et du Cherche-Midi.
OD	OUDOT.	ch. du Mont-Parnasse.	rue de Vaugirard, 95 (boulevart Mont-Parnasse).
P	PASCAL (O. ✻).	ch. des Armes de France.	boulevart des Invalides, 18 et 20, au coin de la rue Plumet; domicile, rue Plumet, 14.

CONTRE-MARQUES.	NOMS.	ENSEIGNES.	DEMEURES.
	MM.		
BP	PETIT (Achille).	*ch. de la Bourgogne.*	boulev. des Invalides, 8.
PR	ROBERT.	*ch. de la Comète.*	boulev. des Invalides, 4.
B	ROGER.	*ch. du Croissant.*	rue de l'Université, 151.
MR	ROUGELOT neveu.	*ch. de l'Espérance.*	rue de l'Université, 140.
R+L **R·L**	RHEIN fils et LEGORJU.	*ch. St-Louis.*	rue de l'Université, 136, et quai d'Orsay, 41.
NS	SAINTARD aîné.	*ch. de l'Étoile.*	rue de l'Université, 138.
SPK	SPRONCK.	*ch. de la Flotte-de-Bourgogne.*	boulevart des Invalides, 6 et 8.
T.T.	TÉTU ❀ et fils (Joseph).	*ch. de l'Écu.* *auGrand-Chantier.*	rue de l'Université, 137. rue St-Dominique, 140.

COMPAGNIE

DU COMMERCE DE BOIS DE L'ILE LOUVIERS, A PARIS.

Bureau d'administration.

MM. SALAUN aîné, *Syndic.*

LUTTON,
BASCHET-FILDIER,
HENRY jeune,
CAIRE, *Commissaires.*

M. VIEL, *Agent-Caissier.*

CONTRE-MARQUES.	NOMS.	DEMEURES.
	MM.	
LB	BARRAT.	rue Saint-Paul, 29.
BF	BASCHET-FILDIER.	rue des Lions-Saint-Paul, 7.
BS	BORNICHE.	quai des Célestins, 12.
PC	CAIRE.	rue Saint-Antoine, 200.
A.C^T.	CAUTIN.	rue des Lions-Saint-Paul, 12.
L.C	CORROY aîné.	rue de la Cerisaie, 25.
(G×C)	CORROY jeune.	rue du Petit-Musc, 4.
JD	DEGUINGAND.	quai des Célestins, 14.

CONTRE-MARQUES.	NOMS.	DEMEURES.
	MM.	
RHS	HENRY aîné.	rue Saint-Paul, 45.
HJ	HENRY jeune.	rue de Sully, 1.
AL	LUTTON.	quai des Célestins, 22.
E P	PILLE.	rue des Marais, faub. du Temple, 20.
PP	PINGOT.	rue de Bercy-Saint-Antoine, 57.
GxR	RICHARD.	marché Saint-Jean, 27.
R.y	ROUSSY.	rue Gérard-Beauquet, 1.
LS	SAFFROY.	rue des Lions-Saint-Paul, 3.
P.S	SALAUN frères.	quai des Célestins, 20.
F.S	SUBERT.	quai des Célestins, 12.

COMPAGNIE

DU COMMERCE DE CHARBON DE BOIS ARRIVANT AUX PORTS DE PARIS.

Bureau d'administration,
Quai Bourbon, 21 (île St-Louis).

M. POUILLOT ✻, *Président.*

MM. ALAINE fils,	*Syndic* pour *la Marne.*
GENTY-BOURON,	*idem* pour *l'Yonne.*
MENARD (Pierre),	*idem* pour *la Loire.*
POUILLOT ✻,	*idem* pour *les Canaux.*
BERTIN-DELAUNOY,	*idem* pour *la Seine.*
LEFÈVRE père,	*idem* pour *l'Aisne* et *l'Oise.*

M. VIEL, *Agent général.*

DÉSIGNATION des RIVIÈRES et CANAUX.	NOMS DES EXPÉDITEURS.	DOMICILES ou RÉSIDENCES.
	MM.	
HAUTE-SEINE.	ALAINE père.	Mary-sur-Marne, par Lisy (Seine-et-Mar.).
	BERTIN père.	Sézanne (Marne).
YONNE.	BOURON.	Joigny (Yonne).
	GENTY-BOURON.	St-Julien-du-Sault (Yonne).
	FILDIER (Côme).	Montargis (Loiret).
	GUINGAND père.	Briare (Loiret).
CANAUX.	MINAUX.	Champignettes (Yonne).
	POUILLOT et DAGOT.	Rogny (Loiret).
	POUILLOT et DEGUINGAND.	Paris, quai des Célestins, 14.
	SALAUN frères.	Paris, quai des Célestins, 20.

DÉSIGNATION des RIVIÈRES et CANAUX.	NOMS DES EXPÉDITEURS.	DOMICILES ou RÉSIDENCES.
	MM.	
	CAMUS (Claude).	Decise (Nièvre).
	GAUDET fils.	Paris, quai Bourbon, 19.
	MARECHAL (Mme veuve).	Decise (Nièvre).
LOIRE.	MENARD frères et BAUGHS.	Nevers (Nièvre), et Paris, rue de Lille, 11.
	MENARD et BOYER.	Ibidem.
ALLIER.	LESCANNE-CACHET.	Au Veurdre (Allier), par Saint-Pierre-le-Moutier (Nièvre).
	ALAINE père.	Mary-sur-Marne, par Lisy (S.-et-Marne).
	ALAINE fils.	Ibidem.
MARNE.	CLIQUOT (Mme veuve).	
	GIBERT-AUBÉ.	Mary-sur-Marne, par Lisy (S.-et-Marne).
	REGNARD (Ernest).	Germigny-Levesque (Seine-et-Marne).
OISE-ET-AISNE.	ALAINE.	Mary-sur-Marne, par Lisy (S.-et-Marne).
	LEFÈVRE père et fils.	Manicamp (Aisne).

COMPAGNIE

DU COMMERCE DE BOIS CARRÉS, CHARPENTE, SCIAGE ET CHARRONNAGE, A PARIS.

Bureau d'administration,

Quai de la Rapée, 45.

MM. Frédéric MOREAU ✳,
DIDIOT aîné,
MEDER aîné,   } *Délégués.*

THIERRY-DELANOUE fils,
GEORGE aîné ✳,   } *Suppléants.*

BARBIER-COSSON,
ROCHARD,
MALHERBE fils,
VIVENOT,
VERRAT,
NAVET,   } *Adjoints.*

MM. MOREAU père (O ✳),
THIERRY-DELANOUE père ✳,   } *Syndics-honoraires.*

M. LAURENT aîné ✳, *Agent général.*

Conseil judiciaire.

M. Ernest MOREAU, Avoué de première instance, place Royale, 21.

| MARQUES | | NOMS. | DEMEURES. |
A LA ROUANNE.	AU MARTEAU.		
		MM.	
	A.T.	ANDRÉ fils aîné	quai de la Rapée, 51.
	B.C.	BARBIER-COSSON	quai d'Austerlitz, 15 *bis.*
	A.B.	BOCH ✳.	rue de l'Université, 155, au Gros-Caillou.
	B.H.	BURGH aîné.	quai de la Rapée, 1.

MARQUES		NOMS.	DEMEURES.
A LA ROUANNE.	AU MARTEAU.		
		MM.	
RCB	R. C. B.	CHAMBRON (Rose).	quai d'Austerlitz, 1.
	E. C.	CHEVALLIER.	rue de Bercy, 25 *bis*.
⟨F.D	L. E. D.	DIDIOT frères.	quai de la Rapée, 7.
ED	E. D.	DUMAINE.	quai de la gare d'Ivry, 21.
D	J. D. P.	DURAND.	quai de la Rapée, 47.
	F. D.	DESOUCHES-FAYARD.	quai d'Austerlitz, 7.
GA	G.A.B.G.	GEORGE aîné ✳.	quai de la Rapée, 41.
GJ	Æ. G.	GEORGE jeune.	quai de la Rapée, 41.
	L. G.	GODARD-BEURY et fils.	quai de la Rapée, 33.
GxFx		GAUDET et GODILLON.	quai de la Rapée, 63.
GP	G. & P.	GONNET (Mᵐᵒ veuve) et POIRÉ.	quai de la Rapée, 31.
	J. G.	GONDOL.	quai de la Rapée, 61.
	J. F. G.	GUITTARD.	quai de la Rapée, 29.
JJ	J. J.	JAQUOT.	rue de l'Église, 1 , chantier rue de l'Université, 154 (île des Cygnes).
JC	J. C.	JOLLY-CHENNEVIÈRES.	quai de la Rapée, 69.
⟨	L.	LEBEL.	quai d'Austerlitz, 5.

| MARQUES | | NOMS. | DEMEURES. |
A LA ROUANNE.	AU MARTEAU.		
		MM.	
	T.L.	LEGRAND jeune.	rue de l'Université, 183, au Gros-Caillou.
MF	MF.	MALHERBE fils.	quai de la Rapée, 37.
	MALO.	MALO.	rue de Bercy, 50 (chantier, quai de la Rapée, 49).
	A.M.	MEDER aîné.	quai d'Austerlitz, 29.
	MEIGNAN.	MEIGNAN.	quai d'Austerlitz, 19.
EM	N.M. & E.M.	MERET.	quai de la Rapée, 29.
MFM	MFM	MOREAU (O ✳) et fils ✳.	place Royale, 9 (chantier, quai de la Rapée, 17).
	J.N.	NAVET (Jules). (Commissionnaire.)	quai de la Rapée, 29.
N	J.C.N.	NORMAND.	quai d'Austerlitz, 39.
	E.O.	ORCEL.	quai d'Austerlitz, 15 *bis*.
PJR	P$_R$J	PAGÉ et ROTIVAL.	rue du Faub.-St-Martin, 81 (chantier quai d'Austerlitz, 15 *bis*).
PR	P.R.	PÉPIN fils.	rue Royale, 6 (chantier quai d'Austerlitz, 15).
	L.P.	PETIT.	boulevart Beaumarchais, 7 (ch. quai de la Rapée, 17 *bis*).
	P.W.	PARISOT-VILLEMART.	quai de la Rapée, 137.
⟨PP	L.P.P.	POREAUX.	quai de la Rapée, 15.
	P.N.R.	PORTENEUVE.	quai d'Austerlitz, 23.

| MARQUES | | NOMS. | DEMEURES. |
A LA ROUANNE.	AU MARTEAU.		
		MM.	
/p.x	POUCHEUX.	POUCHEUX.	quai de la Rapée, 15.
	R.H.D	ROCHARD.	quai de la Rapée, 25.
	ROUSSEL.	ROUSSEL neveu.	quai d'Austerlitz, 27.
	TT	TETU ✳ et fils.	rue St-Dominique, 144, au Gros-Caillou.
TY	T.Y.	THIERRY-DELANOUE✳.	quai de la Rapée, 35, et rue de Bondy, 14.
	T.F.	THIERRY–FLERKMAN.	rue du Faub.-St-Antoine,138.
	THROUDE x M.	THROUDE-MOREAU.	quai d'Austerlitz, 21.
	THROUDE A.T.	THROUDE aîné.	rue de l'Université, 158 (île des Cygnes).
	V.T.	TRIQUET (Mme veuve.)	rue de la Truanderie, 54.
⟨V	L.V.	VERRAT.	place Royale, 0 (chantier quai d'Austerlitz, 3).
	P.V.	VERRIÈRE.	quai de la Rapée, 21.
CV.VÇ	C.V.V.G.	VIVENOT.	quai de la Rapée, 43.

COMMERÇANS EN BOIS ET CHARBONS
DANS LE DÉPARTEMENT DE LA SEINE, HORS PARIS.

DÉLÉGUÉS POUR LA BANLIEUE DU HAUT.

MM. GÉRARD,
DUPIN,
PICARD aîné,

DÉLÉGUÉS POUR LA BANLIEUE DU BAS.

MM. GAUTIER-BAZIN,
HUREL-VALLÉ,
MONGELARD.

CONTRE-MARQUES.	NOMS	DEMEURES.
	MM.	
B.F.	BAILLEUL.	Suresne (Seine).
(B)	BALIVET.	Belleville (Seine).
(BR)	BERTHIER-ROUSSEAU.	L'Hay, par Bourg-la-Reine (Seine).
AB	BIDAUT (Adrien).	Bercy (Seine).
J.*B.	BILLORET.	Auteuil (Seine).
(B)	BLERY-RENAUT (Mad. veuve).	Passy-lès-Paris (Seine).
(A)	BOISSELLE aîné.	Sceaux (Seine).
BL	BOUCHÉ.	La Chapelle-St-Denis (Seine).
CB	BOURBON.	Vaugirard (Seine).
MB	BOUTIN aîné.	Barrière d'Italie (Seine), par la Maison-Blanche.
(B)	BOURDILLIAT (Étienne).	Bercy (Seine).
B.S.	BOURSIER.	Courbevoie (Seine).

CONTRE-MARQUES.	NOMS.	DEMEURES.
	MM.	
BE	BOREL.	Petite-Villette, quai de la Loire, 34.
BR	BREUILLÉ.	La Gare d'Ivry (Seine), par la Maison-Blanche.
FC	CARCHEREUX (Mme Ve.)	Alfort (Seine), par Charenton-le-Pont.
C.M	CORNU (J.-F.) et MARET.	Montrouge (Seine).
SC	CRETU.	Montmartre (Seine).
FD	DALMONT.	La Chapelle-St-Denis (Seine).
A D	DANRÉ.	Pantin (Seine).
DH	DEHAYNIN.	La Villette (Seine).
	DERCHU.	Pantin (Seine).
JD	DESNOS.	Saint-Ouen (Seine).
	DESCHAMPS.	Ville-d'Avray (Seine-et-Oise), par Sèvres.
D C	DETOSSI et CARD.	La Villette (Seine).
DF	DUFOUR (d'Armes).	Batignolles-Monceaux (Seine), barrière de Clichy.
MD	DUFOUR (Martin).	Clichy-la-Garenne (Seine).
LDP	DUPIN.	Antony (Seine).
ND	DUPUIS jeune.	Thiais (Seine), par Choisy-le-Roi.

14

CONTRE-MARQUES.	NOMS.	DEMEURES.
	MM.	
DD	DURAND (Étienne).	Courbevoie (Seine).
D	ECOFFEY-DONARD.	Sèvres (Seine-et-Oise).
C E	ESMERY.	La Villette (Seine).
F ★ B	FABIEN.	Montrouge (Seine).
	FRIANT.	Ménilmontant (Seine), par Belleville.
BZ GB	GAUTIER-BAZIN.	Vaugirard (Seine).
G.T.F.	GOBO et comp. (1).	Paris (Seine), rue St-Dominique, 144.
	GENTY.	Carrières-Charenton (Seine), par Charenton-le-Pont.
PMLG	GIRARD.	St-Mandé (Seine), par St-Mandé.
LG	GUILLOTEAUX père.	Issy (Seine).
RG	GUILLOTEAUX fils.	Vaugirard (Seine).
HF	HÉBERT fils.	Courbevoie (Seine).
HM	HOLLIER-MOUTON.	Montmartre (Seine), barrière Blanche.
HA	HUART.	Villejuif (Seine).
H.V.	HUREL-VALLÉ.	Neuilly (Seine).
JB	JOBÉ.	La Maison-Blanche (Seine).

(1) Fournisseur du chauffage militaire à Courbevoie (Seine).

CONTRE-MARQUES.	NOMS.	DEMEURES.
	MM.	
H.J.	JONHSON.	Montmartre (Seine).
A.J.	JOYEUX.	Sèvres (Seine-et-Oise).
(SR)	LAVAUD.	Belleville (Seine).
(LxS)	LECOQ-LANGLASSÉ.	Puteaux (Seine).
LF. LG	LECLERC-LISSAJOUS.	Passy (Seine).
A.L.	LEFORT.	quai de la Gare, 14, Paris.
⬚	LELARGE.	Batignolles-Monceaux (Seine).
△LR	LIGIER.	Saint-Denis (Seine).
ⅅP	LEPEUT.	Belleville (Seine).
JP	LEPRINCE.	Petite-Villette (Seine), par la Villette.
L.D.	LESAGE-DONARD.	Saint-Cloud (Seine-et-Oise).
△L	LOUESSE.	Reuil-sur-Brêche (Oise), par Breteuil (Oise).
HL	LOUVET.	Auteuil (Seine).
M B	MARQUET-BOUCLEY.	Bercy (Seine).
JLM	MARSAT.	La Villette (Seine).
	MERCIER (François).	La Chapelle-St-Denis (Seine).

CONTRE-MARQUES.	NOMS.	DEMEURES.
	MM.	
EM	MICHOT.	Neuilly (Seine).
M C	MILLOCHAU (Julien).	Choisy-le-Roi (Seine).
C.C.	MONGELARD.	Saint-Denis (Seine).
M L	MOREL.	Neuilly (Seine), barrière du Roule, 7.
M.L.	MORTIER.	Saint-Denis (Seine).
OD	OUDOT.	Montrouge (Seine).
PN	PESNON.	Montreuil-sous-Bois (Seine).
GP	PICARD aîné.	La Gare d'Ivry (Seine), par la Maison-Blanche.
AP	PICARD jeune.	La Gare d'Ivry (Seine), par la Maison-Blanche.
P	PIRET.	Clichy-la-Garenne (Seine).
PT	PLATARD.	La Gare d'Ivry (Seine), par la Maison-Blanche.
P	PLISSON.	Vincennes (Seine).
	PSALMON.	La Chapelle-St-Denis (Seine).
PR	RADOT-TESSIER.	Boulogne (Seine), rue St-Denis, 27.
L R	RADOT jeune.	Boulogne (Seine), r. de La Rochefoucault, 8.
RM	RAMEAU.	La Gare d'Ivry (Seine), par la Maison-Blanche, et quai St-Michel, à Paris.

CONTRE-MARQUES.	NOMS.	DEMEURES.
	MM.	
R	RICHOMME.	La Chapelle–St–Denis (Seine), boulevart des Vertus, 29.
J T	RIGOUX.	Neuilly (Seine).
DR	RIVIERE.	Choisy-le-Roi (Seine)
PAR	ROGER.	La Gare d'Ivry (Seine), par la Maison-Blanche.
T·H	TALOT-HÉBERT.	Neuilly (Seine).
C	THÉOPHILE -CEMPÈRE.	Boulogne (Seine).
AT	THUBEUF.	Pantin (Seine).
A.V.	VERROLLOT (Auguste).	La Maison-Blanche (Seine).

COMMERÇANTS EN CHARBON

NE FAISANT PAS PARTIE DE LA COMPAGNIE DU COMMERCE DE CHARBON ARRIVANT AUX PORTS A PARIS.

MM.

BERLAND (Pierre), à la gare d'Ivry (Seine), par la Maison-Blanche).

BERTHIER-ROUSSEAU, à l'Hay, par Bourg-la-Reine (Seine).

BIDAUT (Adrien), rue de Bercy, 68.

BRUNET (François), rue Soulages, 13.

CHARBOUILLOT, boulevart Madame, 16.

MM.

DUMONT (M.-V.), rue de Charenton, 74.

FLEURY (Thomas), à la Glacière, par Gentilly (Seine).

MISSONNIÉ (Jean), rue de Bercy.

RAMEL, à la gare d'Ivry (Seine), par la Maison-Blanche.

COMPAGNIE
DU COMMERCE DE BOIS DE LA HAUTE-YONNE, A CLAMECY (Nièvre).

Bureau d'Administration.

MM. CHARBONNEAU, *Syndic.*

PERIER (Théodore),

TRICOT, } *Adjoints.*

MOREAU,

M. CROCHET, *Agent général.*

MARQUES.	NOMS.	RÉSIDENCES.
	MM.	
♉	ALEXANDRE (Joseph).	la Chazotte, près St-Léger-sous-Beuvray (Nièvre).
8	ALEXANDRE (Claude).	au Chaz, par Château-Chinon (Nièvre)
r	AUNAY (comte Louis Lepeletier d').	Aunay (Nièvre), par Châtillon-en-Bazois.
X	AUNAY (comte Hector Lepeletier d').	Marcilly, par Corbigny (Nièvre).
	AUNAY (baron Lepeletier d').	Mareuil-le-Guyon (Seine-et-Oise), par Montfort-La-maury.
	BALIVET, neveu.	Lormes (Nièvre).
	BALIVET fils aîné.	Lormes (Nièvre).
	BAZOT.	Moulins-en-Gilbert (Nièvre).
M	BELLON de BLANZY.	Alluy, par Châtillon-en-Bazois (Nièvre).
	BOIZOT.	Château-Chinon (Nièvre).

MARQUES.	NOMS.	RÉSIDENCES.
	MM.	
P	BONARD.	Saulieu (Côte-d'Or).
G	BOURCERET.	la Selle, par Autun (Saône-et-Loire).
	BRUET.	Châtillon-en-Bazois (Nièvre).
	CHARBONNEAU.	Clamecy (Nièvre).
	CORNU (André).	Selins par Châtillon-en-Bazois (Nièvre).
	COUSSAY (baron de) (1).	Paris, rue des Enfans-Rouges, 4.
	DOUX.	Paris, rue Saint-Lazare, 91.
	DUVERNOY et GUYARD.	Vizaine et Chamerelle, près Ouroux (Nièvre), par Château-Chinon.
	FOULON DE DOUÉ (2).	Paris.
	FEUILLET.	Corbigny (Nièvre).
	GUDIN SAUVIGNY.	Lormes (Nièvre).
	JACQUAND.	Château-Chinon (Nièvre).
	LAFAULOTTE aîné.	Rouen, avenue du Mont-Ribondet (Seine-Inférieure).
	MONCHARMONT.	Avril-sur-Loire (Nièvre), par Decize (Nièvre).
	MEULÉ.	Lhuipilavoine, près Gacogne, par Lormes (Nièvre).

(1) M. Louvrier, fondé de pouvoirs, à Château-Chinon (Nièvre).
(2) M. Trinquet, fondé de pouvoirs, aux Trinquets, près Arleuf, par Château-Chinon (Nièvre).

MARQUES.	NOMS.	RÉSIDENCES.
	MM.	
S V	**MAROTTE–BUSSY** (héritiers).	Paris.
	MOREAU et **GODARD.**	Moulins-en-Gilbert (Nièvre).
	OUVRÉ.	Paris, quai des Champs-Élysées, Cours-la-Reine, 2 et 4.
	PANIS ✳.	Paris, rue Poliveau, 27 et 28.
	PÉRIER (Théodore).	Château-Chinon (Nièvre).
D	**PÉRIER-COLON.**	Château-Chinon (Nièvre).
	PERNIN.	Ouroux (Nièvre), par Château-Chinon.
	PRACOMTAL (héritiers de).	Châtillon–en-Bazois (Nièvre).
	PRASLIN (duc de).	Paris, rue de Grenelle-St-Germain, 105.
	RAUZAN (duc de) (1) (C ✳).	Paris (Seine), rue Neuve-des-Capucines, 13.
n	**ROCHU.**	Bosnin, par Montigny-en-Morvand (Nièvre).
	TRICOT.	Montreuillon, par Château-Chinon (Nièvre).
F	**TRIPIER.**	Paris (Seine), rue Royale·St-Honoré, 5.
	VEILH DE LUNAS (le comte (2).	château de la Montagne.

(1) M. Piguot, fondé de pouvoirs à Autun (Saône-et-Loire).
(2) M. Félix Rivière, fondé de pouvoirs au château d'Ariguy.

COMPAGNIE

DU COMMERCE DE BOIS DES RIVIÈRES DE BEUVRON ET SOZAY, DITES *PETITES RIVIÈRES*, A CLAMECY (Nièvre).

Bureau d'Administration.

MM. ROUSSEAU-SAINT-LÉGER, *Syndic.*

TRÉMEAU aîné,
BRUNIER (Auguste), *Adjoints.*

M. TARTRAT fils, *Agent-général.*

MARQUES.	NOMS.	RÉSIDENCES.
	MM.	
	ADAM aîné.	Mongazon, par Prémery (Nièvre).
	ADAM jeune.	Chevannes–Treigny (Nièvre), par Varzy.
	ADAM frères.	Mongazon et Chevannes-Treigny (Nièvre), par Varzy.
	ARCHAMBAULT.	Prémery (Nièvre).
	AUDEBAL jeune.	Bussy–St–Maurice (Nièvre), par Châtillon–en–Bazois,
	BRIVOT et COUROT.	Clamecy (Nièvre).
	BOSSU et LOISEAU.	Coulange–sur–Yonne (Yonne).
	BILLARD (Jean).	la Chapelle–St–André (Nièvre), par Varzy.
	BRUNIER (Auguste).	Bouras-la–Grange (Nièvre), par Varzy.
	CHARBONNEAU.	Clamecy (Nièvre).
	CHASTELLUX (comte DE).	Paris, rue de Varennes, 25.

15

MARQUES.	NOMS.	RÉSIDENCES.
	MM.	
	CORNU jeune.	Moux (Nièvre), par Mont-Sauche et Marré, par Châtillon-en-Bazois (Nièvre).
	CORNU (André).	Selins, par Châtillon-en-Bazois (Nièvre).
	COTIGNON (DE).	St-Saulge, par Châtillon-en-Bazois (Nièvre).
	COUROT-BIGÉ.	Corbelin, par Varzy (Nièvre).
	CORNU-LANGY.	Langy-sur-Landarge (Nièvre), par St-Benin-d'Azye.
	CAMBUZAT fils.	Clamecy (Nièvre).
	COQUEVAL.	Couloutre (Nièvre), par Donzy.
	DELARUELLE.	Paris, rue Louis-le-Grand, 31 *bis*.
	DORNAUT.	Island par Avallon (Yonne).
	DOUX fils.	Paris, rue St-Lazare, 91.
DF	DUFOUR-SELLIER.	Clamecy (Nièvre).
D*G*	DUFOUR et GOYARD.	Clamecy (Nièvre).
	FROSSARD aîné.	Clamecy (Nièvre).
	GABUET.	Clamecy (Nièvre).
	GIVRY (DE).	Varzy (Nièvre).
g	GOULARD.	Corvol-l'Orgueilleux (Nièvre), par Clamecy.

MARQUES.	NOMS.	RÉSIDENCES.
	MM.	
GL	**GOURÉ-LAPLANTE.**	Clamecy (Nièvre).
JR	**JACQMARD.**	Paris.
NL	**LEDOUX – RAVEAU et Cᵉ.**	Clamecy (Nièvre).
L	**LEDOUX–RIGAUDIAU.**	Clamecy (Nièvre).
Æ	**LEBOEUF** (Auguste).	Varzy (Nièvre).
⌐	**LEMOINE.**	Donzy (Nièvre).
⌂	**LIGÉ** père.	Corvol-l'Orgueilleux (Nièvre), par Clamecy.
&	**LIGÉ** fils.	Paroy (Nièvre), par Clamecy.
□⊤	**MAILLET.**	l'Éminence (Nièvre), par Donzy.
⑧	**MANSAY.**	St–Revérien (Nièvre).
K	**MARTIN.**	Chanteloup (Nièvre), par Corbigny.
X	**MILLARD-DESNOYERS.**	Varzy (Nièvre).
f.	**MORILLON** ainé.	Clamecy (Nièvre).
⊃⊂	**OUVRÉ.**	Paris (Seine), quai des Champs–Élysées, Cours-la–Reine, 2 et 4.
⊢◠	**OUDOT** et Comp.	Paris (Seine), rue de Vaugirard, 95.
⌂.Ƶ.	**PANIS** ✳.	Paris (Seine), rue Poliveau, 27.

MARQUES.	NOMS.	RÉSIDENCES.
	MM.	
TF	PELLAULT.	Clamecy (Nièvre).
	POYET.	Paris, rue du Faub.-St-Honoré, 109.
	PRACOMTAL (marquis DE)	Châtillon–en–Bazois (Nièvre).
N	PAIGNON (Achille).	St-Pierre-Dumont (Nièvre), par Varzy.
	PERRIN.	Oudan (Nièvre), par Varzy.
HR	RAVERY–HUGOT.	Entrains (Nièvre).
	ROUSSEAU-St-LÉGER.	Clamecy (Nièvre).
SD	SAINT-DIDIER (DE ✽).	Versailles (Seine-et-Oise).
SB	SIMON-BOURDIEAU.	la Coudraie (Nièvre), par Tannay.
	SURUGUES–GABUET.	Clamecy (Nièvre).
FS	SURUGUES (Léonard).	Clamecy (Nièvre).
	THOURY (DE).	St-Saulge (Nièvre).
TS	TENAILLE–SAULON.	Dornecy (Nièvre), par Clamecy.
	TRÉMEAU aîné.	Druy (Nièvre), par Decize.
	TRÉMEAU-GUIOLLOT.	Ibidem.
	VION.	Courcelles, par Varzy (Nièvre).

COMPAGNIE

DU COMMERCE DE BOIS DES RIVIÈRES DE LA CURE, DU COUSIN ET AFFLUENTS, A VERMANTIN (Yonne).

Bureau d'Administration.

MM. LEFEBVRE–NAILLY,   *Syndic.*
QUATREVAUX,   } *Adjoints.*
GALLY père,

M. QUATREVAUX (François), *Agent-général.*

MARQUES.	NOMS.	RÉSIDENCES.
	MM.	
	AUBERT-THELLY et Cᵉ.	Avallon (Yonne).
R	CANDRAS (la baronne DE).	Avallon (Yonne).
	CHATELAIN et CRE-THIENNET.	Quarré-les-Tombes (Yonne), et Paris.
	CHASTELLUX (comte DE ✳).	Chastellux (Yonne), et Paris, rue de Varennes, 25.
L	DORNAUT (Hilaire).	Island (Yonne), par Avallon.
	DUCHATEAU aîné.	Avallon (Yonne).
	FEUILLET frères.	au Parc (Nièvre), par Lormes et Corbigny (Nièvre).
	GALLY père et fils aîné.	Avallon (Yonne).
	HOUDAILLE frères.	Marigny-l'Église (Nièvre), par Lormes.
	LEFEBVRE-NAILLY.	Avallon (Yonne).
	LEMOINE.	Paris, rue des Vinaigriers, 32, et Lormes (Nièvre).

MARQUES.	NOMS.	RÉSIDENCES.
	MM.	
Z	LIGERON (Antoine).	Razoux.
⊢▭⊣	MOIRON père et fils.	Avallon (Yonne).
♃	MOREAU (Joseph).	Paris, boulevart Mont–Parnasse, 8.
✚	QUATREVAUX et Comp.	Cussy-les-Forges (Yonne), par Avallon.
♣	VIBRAYE (comte DE).	Bazoches (Nièvre), par Lormes et Paris.
G	VOILLOT (Léonard).	Marigny-l'Église (Nièvre), par Lormes.

COMMERÇANTS

INTÉRESSÉS AU FLOT DE L'ARMANÇON ET DU CRÉANTON.

MM.

BRUNOT, au Mont-St-Sulpice (Yonne), par Brienon.

DÉGOIT, à Chamoy (Aube), par Auxon.

GALLOT, à St-Florentin (Yonne).

GUYOT fils, à Chaource (Aube).

MOREAU (Joseph), à Paris, boulevart Mont-Parnasse, 8.

PAILLOT, à Troyes (Aube).

MM.

PICARD, aux Croutes, par Ervy (Aube).

RAISON, à Étourvy (Aube), par Chaource.

ROLLAND-GRASSON, à St-Florentin (Yonne).

SERVIN, à Vallières (Aube), par Chaource.

TRUCHY (Hippolyte), à Bois-Gérard (Aube), par Ervy.

VERROLLOT, à Brienon (Yonne).

COMMERÇANTS INTÉRESSÉS AU FLOT DE SAINT-VRAIN.

MM.

BASSINS (DES), à Tracy (Nièvre), par Pouilly-sur-Loire.

BERTHET, à Granchamp (Yonne), par Charny.

BESNARD, à Villefranche (Yonne), par Charny.

BEZANÇON, à Prunoy (Yonne), par Charny.

CONTURAT, à Villiers-St-Benoît (Yonne), par Toucy.

COSTE, à St-Julien-du-Sault (Yonne).

COUTURIER père, à la Ferté (Yonne), par Charny.

ÉMERY et GAUNÉ-GENTY, à Joigny (Yonne).

HURÉ, à Brion (Yonne), par la Roche-sur-Yonne.

LAVOLLÉE, à Villiers-St-Benoît (Yonne), par Toucy.

MM.

LEMONNIER, à Fumerault (Yonne), par Aillant-sur-Tholon.

MORIENNE, à Villiers-St-Benoît (Yonne), par Toucy.

POYET père et fils, à Paris, rue du Faubourg-St-Honoré, 109.

PROTAT, à Cezy (Yonne).

RAGON-BEAUCHÈNE, à Villiers-Saint-Benoît (Yonne), par Toucy.

SEGUIER (le premier président) (G. C. ✳), à St-Martin-sur-Ouane (Yonne), par Charny. — Paris, rue Pavée-St-André, 16.

VERAC (le marquis DE) (G. O. ✳), à Toucy (Yonne). — Paris, rue de Varenne, 21.

COMMERÇANTS INTÉRESSÉS AU FLOT DE LA VANNE.

NOTA. Les assemblées ont lieu à Sens, le lendemain des adjudications.

MM.

BEGUE, à Villeneuve-l'Archevêque (Yonne).

BONDOUX, à Villeneuve-le-Roy (Yonne).

BONJOUR aîné, à Thorigny (Yonne), par Villeneuve-l'Archevêque.

BONJOUR jeune, à Thorigny (Yonne), par Villeneuve-l'Archevêque.

BOULLEY, à Sens (Yonne).

CHAUDET, à Villeneuve-le-Roi (Yonne).

CORNISSET-LAMOTTE, à Sens (Yonne).

CORNISSET (Amédée), à Villeneuve-le-Roi (Yonne).

DHRUYELLE-DRUGÉ, à Rigny-le-Ferron (Aube), par Villeneuve-l'Archevêque.

DROUOT, à St-Mards-en-Othe (Aube).

DUFOUR aîné, à Sens (Yonne).

DUFOUR jeune, ibidem.

DUPLAN-BERAUDAN, à Sens (Yonne).

FENET, à Cériziers (Yonne).

GRAND-GÉRARD, à Villevallier (Yonne).

GRAND aîné, à Lailly (Yonne), par Villeneuve-l'Archevêque.

MM.

GRAND jeune, à Chailly (Loiret), par Lorris.

GUYOT père, à Maraye-en-Othe, par Estissac (Aube).

GUYOT fils, ibidem.

LAGOGUEY, à Estissac (Aube).

LARGEOT-ROYER, à Arcis (Yonne), par Ceriziers.

MERCIER, à Belle-Chaume (Yonne), par Brinon.

PERICHON, à Armeau (Yonne), par Villevallier.

PLEAU, à Sens (Yonne).

RAISÉ, à Villeneuve-l'Archevêque (Yonne).

ROUIF, à Marsangis (Yonne), par Villeneuve-le-Roi.

ROBILLARD, à Villeneuve-le-Roi (Yonne).

ROLLAND-CROCHOT, à Sens (Yonne).

SAUSSIER, à Lailly (Yonne), par Villeneuve-l'Archevêque.

VANDOUX jeune, à Véron (Yonne), par Sens.

VERROLLOT, à Brienon (Yonne).

VILLIERS frères, à Villeneuve-l'Archevêque (Yonne).

COMMERÇANTS INTÉRESSÉS AU FLOT DE SAINT-FARGEAU SUR LE LOING.

NOTA. Les assemblés ont lieu à Roguy (Canal de Briare) tous les ans (le 10 mai) pour la vente des bois de ce flot et des charbons, bois carrés et autres marchandises en provenant.

MM.

BARRE, à St-Fargeau (Yonne).

BARREY, à St-Sauveur (Yonne).

BAUMIER fils, à Ouaine (Yonne), par Courson.

MM.

BEILLIARD, à St-Amand-en-Puisaye (Nièvre), par Neuvy-sur-Loire.

BILLON, à St-Fargeau (Yonne).

BOISGELIN (DE), à St-Fargeau (Yonne).

MM.

BONNET, à St-Fargeau (Yonne).

CONVERT, à Bléneau (Yonne).

COUTURIER fils, à Joigny (Yonne).

DELARODE, à Tonnerre (Yonne).

FROSSARD-DESRIVIERES, à Cosne (Nièvre).

GALLON père, à St-Fargeau (Yonne).

GANDRILLE, à Rogny (Yonne).

GAUDET, à St-Fargeau (Yonne).

GUGAU, à Breteau (Loiret), par Briare.

GUINQUAT, à Treigny (Yonne), par St-Sauveur.

JOINEAU, à St-Fargeau (Yonne).

LACOUR-EPOIGNY, à St-Fargeau (Yonne).

LACOUR-LEBAILLIF, ibidem.

LAVOLLÉE-DÉSIRÉ, à Mezilles (Yonne), par St-Fargeau.

LEGER à St-Sauveur (Yonne).

LOISEAU, à Breteau (Loiret), par Briare.

MALLET-BILLET, à St-Sauveur (Yonne).

MARCHAND, ibidem.

MINAUX, à Champignelles (Yonne), par Charny.

MM.

MORICET-POINCELIER, à Angely (Yonne), par Avallon.

MOUILLOT, à St-Privé (Yonne), par Bléneau.

MOUSSET, à St-Sauveur (Yonne).

PAULTRE-DUPARC, ibidem.

PAULTRE-LAVERNÉE, ibidem.

PAUTRAT, à Treigny (Yonne), par St-Sauveur.

PIÉTRESSON-St-AUBIN, à St-Sauveur (Yonne).

PIPAULT (Léon), à St-Sauveur (Yonne).

PRÉCY-BOURGOIN, à Mezilles (Yonne), par St-Fargeau.

RAGON-BEAUCHÈNE, à Villiers-St-Benoît (Yonne), par Toucy.

ROBINEAU-BOURGNEUF, à St-Sauveur.

ROBINEAU-DUCLOS, ibidem.

ROBINEAU-GUILLEMINOT, ibidem.

ROCHÉ (Ambroise), à Mézilles (Yonne), par St-Fargeau.

SALAUN frères, à Paris, quai des Célestins, 20.

TOLAIN, à St-Fargeau (Yonne).

VATISMENIL (de), à Lavau (Yonne), par St-Fargeau.

COMMERCE DE CHARBON DE TERRE.

Bureau d'administration, *rue Vendôme*, 6 *bis.*

Syndic : M. CHALAMBEL.

Adjoints : MM. DETOURBET aîné; DUPONT-MANDARD.

Commissaires-adjoints : MM. GÉRARD ✳, LYONNET aîné, DEHAYNIN.

Agent général : MM. CULHAT DE COREIL, rue Vendôme, 6 bis.

MM.

ABOUT-DEBARD, rue Ste-Avoye, 65.

AMIOT, rue du Faubourg-du-Temple, 77.

ANDELLE ✳ et Comp., rue Hauteville, 5, et à Londres, 6, George-Yard, Lombard-Street.

BARBIER, rue du Dragon, 19; rue du Mail, 30 et 32; et à la Villette, sur le bord du bassin.

BERNARD, rue des Barrés, 9.

BERRY, place de la Madeleine, 6, et rue Royale, 23.

BOUCLEY, rue Royale-St-Honoré, 17.

BOURGEOIS, rue des Petites-Écuries, 30.

BRECHIGNAC, rue St-Paul, 8.

BUDIN, rue de l'Égout, 2, au Marais, et rue St-Antoine, 129.

CAVELAN neveu et DANTIER, rue du Faubourg-Poissonnière, 8.

CHALAMBEL, rue Culture-Ste-Catherine, 50.

CHALCHAT, rue des Francs-Bourgeois, 25, au Marais.

CHARDIN, rue Neuve-St-Jean, 4.

CHEVET (Pierre), rue Popincourt, 64, et rue Saint-Ambroise, 6.

CROSIER, rue St-Paul, 17.

DAUNIS, petite rue Neuve-St-Gilles, 2, et boulevart Beaumarchais, 55.

DEHAYNIN, rue du Bac, 30.

DELOZANE, passage Pecquay, 11 et 13.

DERAMAUX (Joseph), rue des Enfans-Rouges, 7.

DE ROUVILLE, rue du Faubourg-St-Denis, 30.

MM.

DETOURBET aîné, quai des Célestins, 22.

DUPONT-MANDAR, place Royale, 28.

DURENNE père et fils, rue du Faubourg-Saint-Antoine, 47, cour St-Louis.

DUTHY (P.-J.-L.), rue du Faubourg-St-Martin, 164.

FORET, rue Popincourt, 72.

FOURNIER, rue Beaubourg, 41.

FRANÇOIS et Comp., à la Villette, rue de Flandres, 130 et 132.

FREMICOURT et Comp., rue Boucherat, 7.

GENI, rue de l'Arcade, 14, et rue des Mathurins, 45.

GÉRARD ✳, rue de la Croix-du-Roule, 4.

GINISTY, rue Matignon, 20.

GIRAUD, rue Paradis-Poissonnière, 36, et rue de la Chaussée-d'Antin, 62.

GOT (Gaspard-Emile) ✳, rue St-Louis, 11, au Marais, et quai Jemmapes, 40.

GOURDAULT (Auguste), quai Valmy, 59.

GRENIER, rue du Bac, 113.

GUIOD (Paul), rue d'Argenteuil, 45.

GUISSEZ-SAPIN, rue du Faubourg-St-Martin, 176.

HOUDART-FLANET, quai de Seine, 53.

IMARD DE VILLENEUVE et Comp., rue Tiquetonne, 14.

JAKOROW et Comp., rue St-Lazare, 8.

JALLAIN, quai Jemmapes, 4.

JEAN (Auguste), rue du Chaume, 23.

MM.

JEAN LHEUILLER, rue Montmorency, 22.

LANGLOIS, rue Papillon, 5.

LATU, quai St-Paul, 12.

LEDEVIN, rue Folie-Méricourt, 42.

LEFÈVRE (Ch.), rue de la Bourse, 8.

LEMOCE et DESFORGES, rue de l'Etoile-Saint-Paul, 2.

LEVEILLÉ, rue d'Enfer, 54.

LHOSTE, rue des Vinaigriers, 9.

LIÉVAUX, rue Coquenard, 27.

LOGEAT, rue d'Assas, 12.

LORAIN, rue de la Tixeranderie, 49.

LYONNET aîné, rue des Barrés-St-Paul, 9.

LYONNET jeune, rue d'Angoulême-du-Temple, 29.

MM.

MONÈS D'ELBOUIX (de), rue du Faubourg-St-Martin, 123.

NEVEU, rue Ste-Croix-de-la-Bretonnerie, 25, au Marais.

PASCAL-CHEVALLIER, quai de la Mégisserie, 38.

PERRAULT, rue des Vinaigriers, 27.

POMMIER, rue de la Ville-l'Évêque, 50.

RAOULT, rue St-Paul, 32.

REBOUR, rue du Faubourg-St-Antoine, 97.

REBOUR jeune, boulevart Beaumarchais, 3.

ROBERTI (Constant), rue de la Chaussée-d'Antin, 27 bis.

SALMON fils aîné, rue Barre-du-Bec, 6.

WIERRE, rue du Faubourg-St-Martin, 175.

ENTREPRENEURS DE FLOTTAGE SUR LA HAUTE-YONNE.

MM.

BOURBON-MARIÉ (Cadet), à Clamecy (Nièvre).

BOIZANTÉ-COULON, à Coulange-sur-Yonne (Yonne).

BOIZANTÉ-SULPICE, à Crain (Yonne), par Coulange-sur-Yonne.

BONNEAU père, à Pousseaux (Nièvre), par Clamecy.

BONNEAU (Félix), à Clamecy (Nièvre).

BOSSU-RAVAULT, à Coulange-sur-Yonne (Yonne).

CAGNAT (Jean), à Clamecy (Nièvre).

GERBAUX-SELLIER, à Surgy (Nièvre), par Clamecy.

GOUDARD fils, à Coulange-sur-Yonne (Yonne).

GRAVIÈRE-MAGNIENS, à Clamecy (Nièvre).

MM.

JOACHIM-MOREAU, à Clamecy (Nièvre).

LEDOUX-RAVAULT, à Clamecy (Nièvre).

LOISEAU fils, à Coulange-sur-Yonne (Yonne).

MORILLON aîné, à Clamecy (Nièvre).

MARIÉ (Pierre), à Clamecy (Nièvre).

MAITROT (Nicolas), à Clamecy (Nièvre).

PARNY, à Clamecy (Nièvre).

SAGET, à Coulange-sur-Yonne (Yonne).

SURUGUE-GABUET, à Clamecy (Nièvre).

SURUGUE (Léonard), à Clamecy (Nièvre).

SURUGUE-GUILLEMOT, à Clamecy (Nièvre).

SURUGUE-POULIN, à Pousseaux (Nièvre), par Clamecy.

ENTREPRENEURS DE FLOTTAGE SUR LA CURE.

MM.

BERTIN père et fils, à Vermanton (Yonne).

BILLAUDOT fils, à Vermanton (Yonne).

BOY, à Vermanton (Yonne).

MM.

CHOPPART jeune, à Vermanton (Yonne).

ROBIN frères, à Vermanton (Yonne).

ENTREPRENEURS DE FLOTTAGE SUR L'ARMANÇON.

MM.

BILLAUDOT (Charles), à Brienon (Yonne).

PERNOT-BELLOC, à Brienon (Yonne).

MM.

ROLLAND-BOITARD, à Brienon (Yonne).

ROLLAND-COUARD, à Brienon (Yonne).

ENTREPRENEURS DE FLOTTAGE SUR LA BASSE-YONNE.

MM.

BILLAUDOT père, à la Roche-sur-Yonne (Yonne).

DUFOUR aîné, à Sens (Yonne).

DUFOUR (Hubert), à Sens (Yonne).

MM.

GILLET fils, à Cezy (Yonne), par Joigny.

PROTAT, à Cezy (Yonne), par Joigny.

ROLAND-CROCHOT, à Sens (Yonne).

ENTREPRENEURS DE FLOTTAGE DES BOIS DE CHARPENTE, SCIAGE ET CHARRONNAGE.

MM.

ADAM (Aimé), à Condé-Ste-Libière (Seine-et-Marne), par Couilly.

ANDRÉ-MOREAU, à Rogny (Yonne), par Châtillon-sur-Loing.

BIGUET père, à Sermaize (Marne), par Vitry-le-Français.

BIGUET fils, à Sermaize (Marne), par Vitry-le-Français.

BONHOMME, à Mont-St-Père (Aisne), par Château-Thierry.

CHOPIN (Ferdinand), à Hœricourt (Haute-Marne), par St-Dizier.

MM.

Chopin (Claude), à Hœricourt (Haute-Marne), par St-Dizier.

DIDRON-HAYER, à St-Dizier (Haute-Marne).

GAILLARDON (Antoine), à Condé-Ste-Libière (Seine-et-Marne), par Couilly.

GODARD-VICIOT, à Condé-Ste-Libière (Seine-et-Marne), par Couilly.

GODART-BOUZENOT, à Condé-Sainte-Libière (Seine-et Marne), par Couilly.

GODARD-PAYMAL, à Condé-Ste-Libière (Seine-et-Marne), par Couilly.

MM.

GODARD (Édouard), à Château-Thierry (Aisne).

GODARD-REMY, à Brienne-la-Vieille (Aube), par Brienne.

GODIN cadet, à Moëlains et Valcourt (Haute-Marne), par St-Dizier.

GOUDET (Louis), à Cepois (Loiret), par Montargis.

GOURDET-GODEAU, à Cepois (Poiret), par Montargis.

HUGUES (Jean), à Tigeaux (Seine), par Crécy.

MORET (Jean), à Dormans (Marne).

MARTIN-BAZILE père, à Condé-Ste-Libière (Seine-et-Marne), par Couilly.

MARTIN-BAZILE fils, à Condé-Ste-Libière (Seine-et-Marne), par Couilly.

NANQUETTE (Victor), à Charleville (Ardennes).

MM.

NANQUETTE (Auguste), à Brienne-la-Vieille (Aube), par Brienne.

PATÉ aîné, à Pargny-sur-Saulx (Marne), par Vitry-le-Français.

PAYMAL-PERRIN, à St-Dizier (Haute-Marne).

PETIT-POISSON, à Montargis (Loiret).

THIENNOT (Joseph), à Marcilly-sur-Seine (Marne), par Pont-le-Roi.

THIENNOT (Auguste), à Marcilly-sur-Seine (Marne), par Pont-le-Roi.

THIENNOT-PETIT, à Marcilly-sur-Seine (Marne), par Pont-le-Roi.

THIENNOT-BRULÉ, à Arcis-sur-Aube (Aube).

TOUSSAINT-ROBERT, à Hoericourt (Haute-Marne), par St-Dizier.

VERNESSE-CHILLOT, à Hoericourt (Haute-Marne), par St-Dizier.

FACTEURS SUR LA HAUTE-YONNE.

MM.

BOIZANTÉ, à Pousseaux (Nièvre), par Clamecy.

BOIZANTÉ (Jacques), à Crain (Yonne), par Coulange-sur-Yonne.

BONNEAU (Félix), à Clamecy (Nièvre).

BONNEAU (Onézime), à Pousseaux (Nièvre), par Clamecy.

BOURBON-MARIÉ (Cadet), à Clamecy (Nièvre).

BOURBON fils, à Clamecy (Nièvre).

CAGNAT (Théodore), à Château (Nièvre).

CHARLGRAIN père, à Coulange-sur-Yonne (Yonne).

CHARLGRAIN-ROBIN, à Coulange-sur-Yonne (Yonne).

CORRÉ-TISSIER, à Clamecy (Nièvre).

MM.

DARLET aîné, à Lucy (Yonne), par Coulange-sur-Yonne.

DARLET-BOSSU, à Lucy (Yonne), par Coulange-sur-Yonne.

FOUROT père, à Clamecy (Nièvre).

FOUROT fils, à Clamecy (Nièvre).

GERBAUX (Jacques), à Pousseaux (Nièvre), par Clamecy.

GOBINOT aîné, à Clamecy (Nièvre).

GOUDARD fils, à Coulange-sur-Yonne (Yonne).

GRAVIÈRE-MAGNIENS, à Clamecy (Nièvre).

JOACHIM-CORRÉ, à Clamecy (Nièvre).

LOISEAU père, à Coulange-sur-Yonne (Yonne).

MM.

LOISEAU fils, à Coulange-sur-Yonne (Yonne).

LORIN-TISSIER, à Clamecy (Nièvre).

MAGNIENS père, à Clamecy (Nièvre).

MAGNIENS fils, à Clamecy (Nièvre).

MARIÉ (Pierre), à Clamecy (Nièvre).

MARIÉ-LAGAITÉ, à Clamecy (Nièvre).

MORILLON aîné, à Clamecy (Nièvre).

RICHARDOT (Nicolas-J.), à Clamecy (Nièvre).

MM.

SAGET, à Coulange-sur-Yonne (Yonne).

SURUGUE-GABUET, à Clamecy (Nièvre).

SURUGUE-GUILLEMOT, à Clamecy (Nièvre).

SURUGUE (Léonard), à Clamecy (Nièvre).

TOUROT père, à Clamecy (Nièvre).

TOUROT fils, à Clamecy (Nièvre).

VINCENS, à Crain (Yonne), par Coulange-sur-Yonne.

FACTEURS SUR LA CURE.

MM.

BEZANGER, à Vermanton (Yonne).

BILLAUDOT fils, à Vermanton (Yonne).

BILLAUDOT (Félix), à Accolay (Yonne), par Vermanton.

CHOPPART, à Vermanton (Yonne).

LEGRAS (Germain), à Vermanton (Yonne).

LORIN, à Vermanton (Yonne).

MM.

MOMON fils, à Vermanton (Yonne).

MUTEL-MOMON, à Accolay (Yonne), par Vermanton.

ROBIN fils aîné, à Vermanton (Yonne).

ROBIN jeune, à Vermanton (Yonne).

ROBIN, à Accolay (Yonne), par Vermanton.

ROUBIER, à Vermanton (Yonne).

PRÉPOSÉ-BACHOTEUR DU COMMERCE DE BOIS A PARIS.

M. LENÉRU (Louis-Constant), quai Voltaire, en amont du Pont-Royal.

NOTA. Il lui est alloué, au Pont-des-Arts, *trente centimes* par chaque train qui descend vers les ports du bas et de la banlieue.

STÈRE.

M. PAPIN (successeur de M. DUCHÈNE), charpentier, fabricant de stères, à Paris, rue de Sèvres, 102, faubourg Saint-Germain.

ENTREPRENEURS DE LACHAGE A PARIS.

MM.

ACHILLE DEMOUCHY, quai de la Rapée, 59 bis.

VICTOR JEAN, à la Gare.

MM.

SOUSSIGNAN frères, à la Gare.

CHARLES LECUYER, port de Bercy, 49.

ENTREPRENEUR DE MONTAGE A PARIS.

M. GORET (Jean-Nicolas), quai de la Rapée, 57.

NOTA. Il entreprend le montage, au canal St-Martin, des bateaux, toues et trains de MM. les marchands de bois de chauffage en chantiers de l'arrondissement Saint-Antoine.

CHANGEMENTS

SURVENUS PENDANT L'IMPRESSION DE LA PREMIÈRE DIVISION DU FANAL.

M. MALIVOIRE, Inspecteur de la navigation à Nevers (Nièvre), est nommé aux mêmes fonctions à la résidence de Rouen (Seine-Inférieure), (Décision du 5 mars 1839).

M. MONIER (Ch.), Inspecteur de la navigation à Rouen (Seine-Inférieure), est nommé aux mêmes fonctions à Nevers (Nièvre), (Décision du 5 mars 1839).

M. GANDOLPHE fils, garde-port à Lisy-sur-Ourcq, exerce sa surveillance sur les ports de Jaignes, Tancrou, Mary et Varredde, situés sur la rive droite de la Marne ; et sur les ports de Lisy, Villers, Congis, Varredde, Saint-Lazare et Meaux, situés sur le canal de l'Ourcq. (Inspecteur de Château-Thierry. — Décision du 6 avril 1839).

ERRATA.

Page 6, 3e colonne, ligne 2e : à Decise (Nièvre) , *lisez :* à Nevers (Nièvre).

Page 61, 4e colonne, ligne 8e : idem, *lisez :* Garde-rivière ambulant.

Page 117, ligne 3e : à Vermantin (Yonne), *lisez :* à Vermanton (Yonne).

TABLE ALPHABÉTIQUE

Du Fanal de l'Approvisionnement de Paris en combustibles et en bois de construction.

PREMIÈRE DIVISION.

PERSONNEL ADMINISTRATIF ET COMMERCIAL.

PREMIÈRE PARTIE. — PERSONNEL ADMINISTRATIF.

PERSONNEL ADMINISTRATIF ET COMMERCIAL.

DEUXIÈME PARTIE. — PERSONNEL COMMERCIAL.

TABLE ALPHABÉTIQUE

Des Fleuves, Rivières, Ruisseaux et Canaux sur le cours desquels sont établis les Agents de la Navigation et du Commerce, avec indication de la page où il en est parlé dans la première division du **FANAL**.

———

———●◄○►●———

TABLE ALPHABÉTIQUE

des articles réglementaires qui seront traités dans la deuxième division du FANAL.

A.

Administration des Ponts-et-Chaussées et des Mines.

Agents de la navigation.

Agent général du commerce de bois de chauffage en chantiers à Paris.

— du commerce de charbon de bois arrivant aux ports, à Paris.

— du commerce de bois carrés, sciage, charpente et charronnage à Paris.

— du commerce de charbon de terre, à Paris.

— du commerce de bois de la Haute-Yonne, à Clamecy.

— du commerce de bois des petites rivières, à Clamecy.

— du commerce de bois de la Cure et ses affluents, à Vermanton.

— du commerce de bois de la rivière de Loing à St-Fargeau.

Agent spécial des quatre commerces réunis de bois et charbons, à Paris.

Approvisionnement de Paris.

Arrivage.

Aubergiste.

Assemblée des marchands.

Avalant.

B.

Bateaux accélérés.

Bateaux naufragés.

Billeurs sur la Loire.

Billeurs sur la Seine.

Bois de chauffage.

Bois blancs.

Bois-canards.

Bois de charpente.

Bois-coursins.

Bois neufs.

Bois sur les ports d'approvisionnement.

Bois sur les ports du département de la Seine.

Bois tortu.

Bûche.

Bûche défectueuse.

Bûche roulante.

C.

Cabaret.

Canal des Ardennes.

— de Bourgogne.

— de Briare.

— du Centre.

— de la Somme.

— du Berri.

— de Loing.

— d'Orléans.

— latéral à la Loire.

— de Roane à Digoin.

— de Manicamp.

— de Mons à Condé.

— du Nivernais.

— de l'Ourcq.

— de Saint-Denis.

— de Saint-Martin.

— de St-Quentin.

— de Crozat.

— latéral à l'Oise.

— de la Sambre à l'Oise.

— de la Sensée.

— de Strasbourg à Paris.

— de la Marne au Rhin.

Chantiers de bois de chauffage dans Paris.

Chantiers de bois hors Paris, dans le ressort de la préfecture de police.

Chantiers de bois carrés, sciage, charpente et charronnage dans Paris.

Chantiers de déchirage.

Charbonnage.

Charbon de bois.

Charbon de bois arrivant aux ports, à Paris.

Charbon de bois arrivant aux places, à Paris.

Charbon de terre.

Chargement de bateaux.

Charroi de la vente aux ports.

Chômage des moulins.

Coalitions.

Commis général du commerce de bois de la Vanne.

Commis généraux du commerce de bois de chauffage en chantiers à Paris.

Commis gardes-rivière du commerce de bois de chauffage en chantiers à Paris.

18

Imprimerie de VINCHON, rue J.-J. Rousseau, 8.